U0386391

普通高等教育"十二五"规划教材

互换性与测量技术
实训教程

主　　编　刘丽丽

副主编　林家春

参　　编　史淑熙　　段志坚　　吴喜文　　王秀敏
　　　　　庞荣辉　　赵建琴　　冯晓梅

主　　审　石照耀

机 械 工 业 出 版 社

《互换性与测量技术实训教程》是在北京工业大学精密测试技术与仪器专业编著的《互换性与测量技术基础实验指导书》以及《几何量测量实验指导书》的基础上,结合普通高等院校教学大纲以及研究生部分实践教学需要进行编写的。本书可作为机械、材料及建工等机械类和近机类专业本科生和研究生实验用书,同时也可作为高职、高专教材及技术培训的参考书籍。

图书在版编目(CIP)数据

互换性与测量技术实训教程/刘丽丽主编.—北京:机械工业出版社,2013.8(2018.7重印)

普通高等教育"十二五"规划教材

ISBN 978-7-111-43125-1

Ⅰ.①互… Ⅱ.①刘… Ⅲ.①零部件—互换性—高等学校—教材②零部件—测量技术—高等学校—教材 Ⅳ.①TG801

中国版本图书馆 CIP 数据核字(2013)第 146130 号

机械工业出版社(北京市百万庄大街22号 邮政编码100037)
策划编辑:余 皡 责任编辑:余 皡 杨 茜
版式设计:常天培 责任校对:张 征
封面设计:陈 沛 责任印制:刘 岚

北京玥实印刷有限公司印刷
2018 年 7 月第 1 版第 2 次印刷
184mm×260mm·10.75 印张·262 千字
标准书号:ISBN 978-7-111-43125-1
定价:28.00 元

前　言

　　《互换性与测量技术实训教程》是在北京工业大学精密测试技术与仪器专业编著的《互换性与测量技术基础实验指导书》以及《几何量测量实验指导书》的基础上，结合普通高等院校教学大纲以及研究生部分实践教学需要进行编写的。本实训教材主要有以下特点：

　　1. 本书内容多于目前各校大纲规定的实验学时，目的是便于教师根据各校教学课时不同以及实验室仪器设备情况选择使用。

　　2. 考虑目前大多数学校尚无单独开设精密仪器专业常用仪器设备的基本知识和操作技能的课程，本教材以大量篇幅，由浅入深，从量具到量仪，详尽讲述了精密测量大部分常用设备的主要用途、技术参数、仪器工作原理、机械结构、光路设计、误差分析、数据处理及使用注意事项等。

　　3. 本书内容由验证型实验到综合型实验，再到综合创新型实验，环环相扣。对使用者在动手能力、综合应用、创新思维、团队合作等方面进行培养和锻炼。

　　4. 教材最后备有附录，内容包括：量块的使用与维护，常用仪器的保养与维护及实验报告。

　　实验报告内容包括：

　　1）实验目的。

　　2）实验所用仪器设备。

　　3）测量方法及原理。

　　4）实验记录。

　　5）数据处理和误差分析。

　　6）实验结果。

　　7）思考题。

　　本书由北京工业大学刘丽丽主编，北京工业大学林家春任副主编，北京工业大学史淑熙、吴喜文、王秀敏、庞荣辉、赵建琴，解放军军事交通学院段志坚、冯晓梅任参编。北京工业大学石照耀教授任主审，石照耀教授以严谨的科学态度和高度负责的精神认真审阅了本书，并对本书的内容编写、整体设计等提供了大量的帮助，在此表示衷心的感谢。

　　本书在编写过程中，参考了国内外很多相关书籍和资料，在这里向有关作者和同仁表示感谢。由于作者水平有限，书中难免有很多不妥之处，望广大读者提出宝贵意见。

编　者

目　录

第一部分　孔轴及长度尺寸测量

精密测量技术是机械工业发展的基础和先决条件，而长度尺寸检测在精密测量技术中是最为基础和重要一节。长度尺寸一般可分为内尺寸和外尺寸，两类尺寸各有特点，测量方法也各不相同。但按其测量方法大致可分为两大类：一是用极限量规检验；二是利用各种通用量具或仪器进行测量。在选择计量器具时，应考虑：1）测量准确度的要求。2）被测对象的尺寸大小、形状结构及其他特点，即所选用的量具仪器，能方便地实现测量。3）被测工件的批量大小。对大批量生产的被测件，要选用检测效率高的量具仪器。4）检测成本，忌用高精度的计量器具去大量检测低精度的或测量面粗糙不洁的被测件。本部分介绍几种常用的测量长度和角度的仪器和量具，并详细介绍这些仪器的使用方法和测量原理等。

实验1　立式光学比较仪测量塞规

一、实验目的

1. 掌握外径比较测量的原理。
2. 了解立式光学比较仪的构造原理及应用场合。
3. 学会调节立式光学比较仪的零位及测量方法。
4. 了解量块的使用及维护方法。
5. 掌握数据处理方法及判断被测件合格性的原则。

二、实验设备

1. 被测件：光滑圆柱塞规或圆柱形工件。
2. 量具及仪器：立式光学比较仪、量块。

三、仪器说明

光学比较仪主要用作相对法测量（也可在 ±0.1mm 范围内用作绝对测量）。测量前用量块（或标准件）对准零位，被测尺寸和量块尺寸的差数可以在仪器的刻度尺上读出，因此称为光学比较仪，简称光较仪，通常也叫光学计。

光学比较仪由光学比较仪管和支架座组成，光学比较仪管可以从仪器上取下，装在其他支架座上，可做其他精密测量之用。按照光学比较仪管安放在支架座上位置的不同，可分为立式光学比较仪和卧式光学比较仪。本实验主要对立式光学比较仪进行详细讲解。

立式光学比较仪是一种精度较高，结构简单的常用计量光学仪器。用来测量圆柱形、球形、线形等工件的直径或板形工件的厚度，可检定五级精度的量块或一级精度的圆柱形量规。

仪器的基本参数如下：

仪器分度值：0.001mm

标尺示值范围：±0.1mm

仪器测量范围：0~180mm

测量误差：$\pm\left(0.5+\dfrac{L}{100}\right)\mu m$　　（被测尺寸L，单位为mm）

图1-1为立式光学比较仪的外形结构图。

立式光学比较仪是利用光学杠杆的放大原理（通过光线反射产生放大作用）进行测量的仪器，其光学系统如图1-2所示。

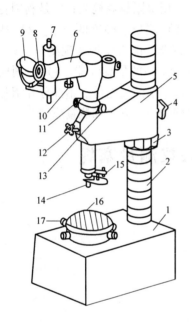

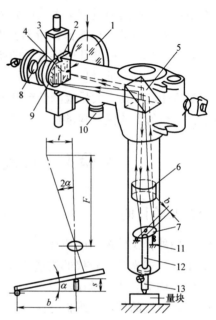

图1-1　立式光学比较仪

1—底座　2—立柱　3—横臂升降螺母　4—横臂锁紧螺钉
5—横臂　6—直角光管　7—公差指示调节器　8—目镜
9—反射镜　10—零位微调螺钉　11—托圈锁紧螺钉
12—直角光管锁紧螺钉　13—微动手轮　14—测量头
15—测头提升杠杆　16—工作台　17—工作台调整螺钉

图1-2　光学系统

1—反射镜　2—折光棱镜　3—分划板
4—分度尺　5—直角棱镜　6—物镜
7—平面反射镜　8—目镜　9—成像面
10—零位微调螺钉　11—弹簧
12—测杆　13—测量头

如图1-2所示照明光经反射镜1及折光棱镜2照亮了位于分划板3左半部（从目镜中看）的刻线尺4（也称标尺，共200格）。光线从分度尺4继续出发，经直角棱镜5及物镜6后成为平行光束（因为分划板3位于物镜的焦平面上），此光束被平面反射镜7反射回来，再经物镜6，直角棱镜5，在分划板3的右半部成标尺像，即分度尺4成像在成像面9上。该分度尺像可通过目镜8进行观察。

反射镜7由三个直径相同的钢球做支承，其中两个钢球为转动支承，另一个钢球固定在测杆12的顶端，反射镜7的下面用两个小弹簧钩住，保证反射镜和测杆顶端钢球的接触，同时使测杆产生测量力。当平面反射镜7处于水平位置时，分划板3左半部分的分度尺与右半部分的分度尺像位置是对称的，如图1-3a所示。分划板右半部分中间有一条固定分度线，称为指示线。

测量时首先要用量块调整光学比较仪零点，即分度尺像零点与分划板上的指示线重合。测量时，当测杆 12 因工件尺寸变化而上下移动一个距离 s 时，如图 1-2 所示，反射镜面随之绕固定支点转动一个角度 α，则反射光相对入射光偏转了 2α 角度，从而使分度尺像产生位移量 t，t 代表了被测尺寸的变动量，其大小可直接从分度尺像零点偏离指示线的格数读出，如图 1-3b 所示。

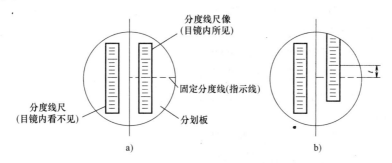

图 1-3　刻线尺成像示意图

由上述可知，直角光管的放大倍数为

$$K = \frac{t}{s} = \frac{f\tan2\alpha}{b\tan\alpha} \approx \frac{2f}{b}$$

式中，f 为物镜至分度尺的距离，即物镜焦距（$f = 200\text{mm}$）；b 为测杆中心至反射镜固定支点间的距离（$b = 5\text{mm}$）；则 $K = 80$。

分度尺的刻线间距 $c = 0.08\text{mm}$，则分度尺的分度值为

$$i = \frac{c}{K} = \frac{0.08\text{mm}}{80} = 0.001\text{mm} = 1\mu\text{m}$$

刻线尺上有 200 格，故其示值范围为 ±0.1mm。

由于目镜放大 12 倍，故在目镜中人眼看到分度尺像的视间距为 0.08mm × 12 = 0.96mm。

四、测量头的选择

选择测量头的原则是被测工件与测量头的接触面必须为最小，因此在测量圆柱形零件时应选择使用刀刃形测量头，如图 1-4a 所示；测量平面形零件时选择使用球面测量头，如图 1-4b 所示；测量球形零件时，选择使用平面测量头，如图 1-4c 所示。

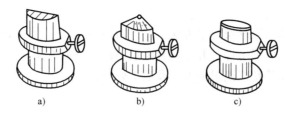

图 1-4　测量头

五、测量步骤及要求

1. 要求对塞规进行三个截面测量，每个截面要求测量四个点（最好相隔90°设一个测量点）。

2. 根据被测件的形状，正确选择测量头。

3. 工作台的调整：测量时工作台是基准面，应保证台面与测量头运动方向垂直，调整时选择一组量块配合工作台调整螺钉进行（此项调整由老师进行）。

4. 调整零点。根据塞规的公称尺寸选好量块组（量块的使用方法可参考书后附录"量块的使用与维护"中内容），组合好后置于工作台上，（注意勿将量块来回移动，以防损伤量块的测量表面）并使量块组的上测量面中心对准仪器测量头。

粗调节：放松横臂锁紧螺钉，转动横臂升降螺母，使横臂下降直至测量头与量块上测量面接触，并在目镜中看到刻度线为止，然后拧紧横臂锁紧螺钉（要特别小心，以免测量头与量块测量面相撞）。

细调节：旋松直角光管锁紧螺钉，转动微动手轮，使目镜内的刻度零线与指示线接近重合，如图 1-5a 所示。然后拧紧直角光管锁紧螺钉 12。

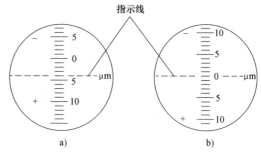

图 1-5　细调节示意图

微调节：轻轻按动测头提升杠杆，使测量头起落数次，待零线位置稳定后，轻轻转动零位微调螺钉，使刻度零线与指示线完全重合。如图 1-5b 所示。

5. 将被测塞规放在工作台上，滚动进入测头下方，在测头下慢慢前后滚动塞规，读出光学比较仪指示的最大值（估读 1/10 格），即为被测塞规的实际偏差。按实验报告要求分别测量塞规上 12 个部位的直径。

6. 将测量结果记入实验报告，根据塞规公差要求，做出被测件合格性结论。

六、思考题

1. 能否用千分尺、游标卡尺测量塞规，为什么？
2. 根据什么原则来选择测量头？
3. 立式光学比较仪测量塞规属于什么测量方法？

实验 2　测量误差及等精度测量

一、实验目的

1. 掌握千分尺的基本原理及测量方法，并练习使用。
2. 用千分尺测量圆柱形工件，并掌握判断被测件合格的方法。
3. 了解测量误差及等精度测量的概念及数据处理方法。

二、实验设备

0~25mm 外径千分尺、ϕ20h15 圆柱形零件。

三、仪器说明

外径千分尺是螺旋副量具的一种，螺旋副量具是利用精密螺旋副原理制成的测量工具。

它通常有分度值为 0.01mm 的千分尺和分度值为 0.002mm 的杠杆千分尺两类。本次实验选用的是量程为 0~25mm、分度值为 0.01mm 的外径千分尺。

图 1-6 所示为外径千分尺的外形图，在固定套筒 5 上有刻线，其分度间距等于螺旋副的螺距（0.5mm）。在微分筒 6 的圆周上有 50 等分的刻度。微分筒与测微螺杆 3 是固定在一起的。测微螺杆的螺纹是单线的，所以当微分筒转动一圈时，测微螺杆的轴向位移是 0.5mm，而当微分筒转一格（圆周的 1/50）时，螺杆的轴向位移是 0.5/50＝0.01mm。这样，就可以在微分筒 6 上的刻度中读出轴向位移的小数部分。

外径千分尺上具有保持测力（6~10N）恒定的测力装置 7，避免螺旋副因测力过大而损坏。

还有几种常见的千分尺，如图 1-7 所示是测量大尺寸的千分尺；图 1-8 和图 1-9 所示为

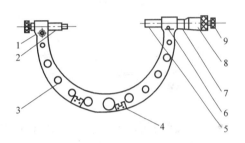

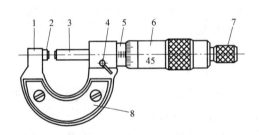

图 1-6　外径千分尺

1—尺架　2—测砧　3—测微螺杆
4—锁紧装置　5—固定套筒　6—微分筒
7—测力装置　8—隔热装置

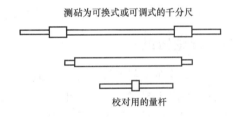

测砧为可换式或可调式的千分尺

校对用的量杆

图 1-7　测量大尺寸千分尺

1—测砧紧固螺钉　2—测砧　3—尺架
4—隔热装置　5—测微螺杆　6—锁紧装置
7—固定套管　8—微分筒　9—测力装置

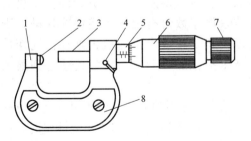

图 1-8　Ⅰ型壁厚千分尺

1—尺架　2—测砧　3—测微螺杆
4—锁紧装置　5—固定套管　6—微分筒
7—测力装置　8—隔热板

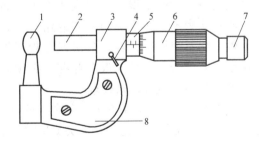

图 1-9　测管壁厚千分尺

1—测砧　2—测微螺杆　3—尺架
4—锁紧装置　5—固定套管　6—微分筒
7—测力装置　8—隔热板

测管厚壁千分尺；图 1-10 是带有刻度盘的千分尺，可以提高读数精度；图 1-11 为加长弓形架的测板千分尺，可以测量板状工件或工件上的板状边缘。

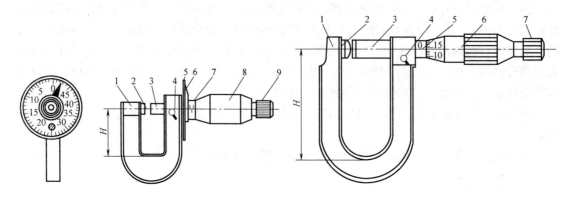

图 1-10　带有刻度盘的千分尺 　　　　　　　　图 1-11　测板千分尺

1—尺架　2—测砧　3—测微螺杆　4—锁紧装置 　　　　1—尺架　2—测砧　3—测微螺杆

5—刻度盘　6—指针　7—固定套管 　　　　　　　4—锁紧装置　5—固定套管

8—微分筒　9—测力恒定装置 　　　　　　　　　6—微分筒　7—测力装置

千分尺按测量范围分为：0～25mm、25～50mm、50～75mm、75～100mm、…、275～300mm、300～400mm、400～500mm、500～600mm、…、900～1000mm，还有 1000～1200mm、1200～1400mm 等。目前千分尺最大量程已达 3m。

四、理论知识

测量的目的在于获得被测件的真值，但由于测量误差的存在，实际只能获得真值的近似值。按照误差出现规律，误差一般可分为系统误差、随机误差和粗大误差。

系统误差：对同一量进行重复测量时，它的大小和符号是固定不变的，或者是按照一定规律变化的误差。系统误差产生的原因有：1）量仪设计、制造、装配和使用调整的不正确而引起的误差。2）测量方法的不完善而引起的误差。

系统误差的数值往往比较大，因而在测量数据中发现和消除系统误差是提高测量精度的一个重要问题。发现系统误差的方法有多种，直观的方法是"残余误差观察法"，即根据系列测得值的残余误差，列表或作图进行观察，若残余误差大体正负相同，无显著变化，则可认为不存在系统误差或忽略不计；若残余误差数值有规律地递增或递减，则存在线性变化系统误差；若残余误差有规律地逐渐由负变正或由正变负，则存在周期性变化系统误差。若发现系统误差存在，必须采取技术措施加以消除，或使其减小到最低限度，然后作为随机误差来处理。

随机误差：在相同条件下，多次测量同一测量值时，绝对值和符号以不可预定的方式变化着的误差。实际上它是指在单次测量时，误差出现是无规律的，而多次重复测量时，误差服从统计规律。随机误差产生的原因主要是由许多暂时不可控制的连续变化的微小因素造成的。如仪器传动链的间隙、联接件的弹性变形、油层带来的停滞现象和摩擦力的变化等。同时还有测量者的原因以及测量时的周围条件变化的影响等。

粗大误差：由于测量不正确等原因引起的大大超出规定条件下预计误差限的那种误差。

例如工作上疏忽、经验不足、过度疲劳以及外界条件变化等引起的误差。粗大误差会对测量结果产生明显歪曲，因此必须在测量结果中加以剔除。凡超出随机误差分布范围的误差，都可视为粗大误差。

测量中真值的近似值与真值的接近程度取决于可能出现的测量误差，所以测量的最终结果不但要给出被测件的大小，而且要给出测量极限误差。本实验只分析直接测量的测量结果。

等精度测量是对某一零件在同一部位进行多次重复测量。测量结果要进行以下处理：

1. 判断系统误差

根据发现系统误差的有关方法判断是否存在系统误差。

2. 计算算术平均值

$$\overline{L} = \frac{1}{n}\sum_{i=1}^{n} l_i$$

3. 求残余误差

$$\nu_i = l_i - \overline{L}$$

4. 求单次测量的标准偏差

$$\sigma = \sqrt{\frac{1}{n-1}\sum_{i=1}^{n} \nu_i^2}$$

5. 判断粗大误差

用拉依达准则判断有无粗大误差。

6. 求算术平均值的标准偏差

$$\sigma_{\overline{L}} = \frac{\sigma}{\sqrt{n}}$$

7. 测量结果的表示

$$L = \overline{L} \pm 3\sigma_{\overline{L}}$$

五、测量步骤及要求

1. 选择 0~25mm 的外径千分尺（见图 1-6），旋转测力装置 7，使千分尺调零（如微分套筒 6 与固定套筒 5 零位不重合，记下相差数，以便数据处理时将相差数目加进测量结果中）。

2. 将圆柱形零件擦拭干净准备测量。

3. 要求对圆柱形零件在同一截面测量 10 次。并将测量结果记入实验报告。根据等精度测量对实验报告要求的各项结果进行处理。

六、思考题

1. 什么是等精度测量？

2. 测量误差产生的原因是什么？怎样减少这些误差？

3. 根据表 1-1 中所给测量数据，试求测量结果。

表 1-1 测量数据

序号	l_i	$\nu_i = l_i - \overline{L}$	ν_i^2
1	30.049		
2	30.047		
3	30.048		
4	30.046		
5	30.050		
6	30.051		
7	30.043		
8	30.052		
9	30.045		
10	30.049		

实验3 内径指示表测量孔径

圆柱体孔径的测量除用量规法外，广泛使用通用的或专用的量具、仪器进行测量。根据孔径测量的主要特点，可分为接触测量和非接触测量两大类。接触测量主要有点、线、面三种测量方法；而非接触测量主要有气动法和光学影像法两种。在接触测量中，以小孔测量最为困难和复杂。在内径指示表测量孔径和卧式测长仪测量内孔两个实验当中，分别安排了实际工作中最为常用的测量方法，即内径指示表测量法、双测钩测量法和电眼测量法对小孔进行测量练习。主要对深孔或公差等级较高的孔作比较测量。

一、实验目的

1. 掌握内径比较测量的原理。
2. 了解内径指示表的结构，学会用内径指示表测量内径的方法。
3. 了解内缩原则并掌握孔的公差带分布。
4. 了解安全裕度知识及上下检验极限的确定。
5. 加强量块附件的使用练习。

二、实验设备

内径指示表、量块及量块附件、被测件。

三、仪器说明

内径指示表由百分表（千分表）和杠杆系统组成。它是采用相对比较法测量孔径的常用量具，可测量 6~1000mm 的孔径，特别适于测量深孔。

内径指示表的测量范围有：6~10mm，10~18mm，18~35mm，35~50mm，50~100mm，100~160mm 等规格。百分表的分度值有 0.01mm 及 0.001mm 两种。示值范围有：3mm，5mm 和 10mm 三种。

内径指示表结构如图 1-12 所示。其固定测量头 1 和活动测量头 2 与孔壁接触，活动测头被压缩，则推动等臂直角杠杆 3 绕固定转轴转动，使推杆 4 向上压缩弹簧 5，并推转百分表 9 的指针顺时针转动，指针的转动量即为活动测量头移动的距离。弹簧 5 的反力使活动测头向外，对孔壁产生测力。

在活动测量头的两侧有弦板 6，它在两弹簧的作用下，对称的压靠在孔壁上，以保证测量杆的中心线通过被测圆柱孔的轴线。测量时应找正测位，如图 1-13 所示。测量时应按图中所示左右摆动，找准正测位，同时注意表盘上指示针的摆动，应读取其最小示值（转折点）为测量结果。

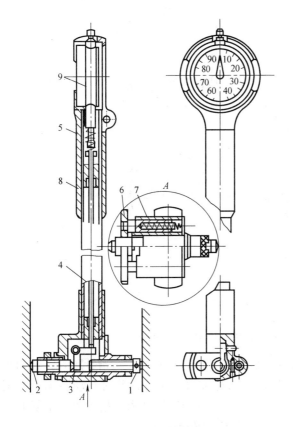

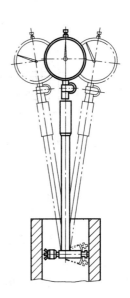

图 1-12　内径指示表结构

1—固定测量头　2—活动测量头　3—等臂直角杠杆
4—推杆　5、7—弹簧　6—弦板
8—隔热手柄　9—百分表（千分表）

图 1-13　内径指示表测量孔径找正测位

四、测量步骤及要求

1. 根据被测孔径的公称尺寸 L，选择量块组，如图 1-14a 所示将量块组 3 和专用量爪 5 一起放入量块夹 4 内加紧，构成标准内尺寸卡规。

2. 根据被测孔径尺寸，选择固定测量头，装在内径指示表上。

3. 用标准内尺寸卡规调整指示表零位。手持仪器隔热手柄，将仪器测头压缩后放入标

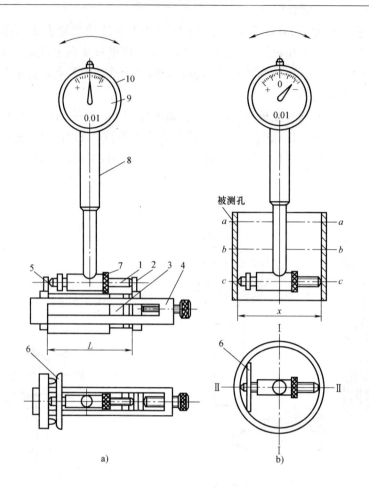

图 1-14　内径指示表测量孔径

1—固定测量头　2—活动测量头　3—量块组　4—量块夹　5—量爪　6—弦板
7—固定测头锁紧螺母　8—隔热手柄　9—指示表　10—滚花环

准内尺寸卡规,使测量头与两端的量爪相接触,轻轻摆动内径指示表。当指针顺时针转动到转折点(指读数最小处)时,即表示仪器所处位置为标准尺寸位置,此时转动指示表的滚花环,使刻度盘的零刻线转到指针所指位置(转折点)。再轻轻摆动内径指示表,重复上述过程,直至指针准确地在刻度盘零位处转折为止,即定好仪器零位。

4. 测量孔径。将内径指示表放入被测孔,如图 1-14b 所示,轻轻摆动仪器,找其转折位置,记下指示表读数(注意" + "、" - "),即为该处的孔径实际尺寸与标准尺寸的偏差。同样地,依次测量孔内三个横截面,两个互相垂直方向的孔径。将测量结果记入实验报告。

5. 测量完毕后,重复步骤 3,看指示表指针是否回"零位",若不回"零位",误差超过一定限度时应重测。

6. 处理数据,判断被测工件合格性。

五、思考题

1. 内径指示表测量工件属于什么测量方法(从读数值和测量力来看)?

2. 使用内径指示表测量时为什么必须要摆动指示表? 测量时如何读数?

实验4　卧式测长仪测量内孔

一、实验目的

1. 熟悉并正确掌握测长仪的原理及结构。
2. 加深对内尺寸测量特点的了解。
3. 了解平面螺旋线式读数装置。

二、实验内容

1. 用测钩测量内尺寸。
2. 用电眼装置测量小孔。

三、实验设备

卧式测长仪、被测零件、标准环规。

四、仪器说明

　　测长仪分为立式测长仪和卧式测长仪，立式测长仪主要用于长方形、球形、圆柱形工件的外尺寸测量。卧式测长仪是以精密分度尺为基准，利用平面螺旋线式读数装置进行读数的精密长度计量器具。卧式测长仪带有多种专用附件，可用于测量①长方形、球形、圆柱形工件的外尺寸；②长方形工件内尺寸以及内孔；③内、外螺纹中径的测量。根据测量需要，既可用于绝对测量，也可用于相对测量，故称万能测长仪。它与立式测长仪比较，其最大特点是可以测量内尺寸。并且卧式测长仪由于测量方法符合阿贝原则，因此能保证仪器有较高的测量精度，是常用的典型光学计量仪器之一，外观如图1-15所示。它主要由底座，测量座，尾座和万能工作台等部件组成。

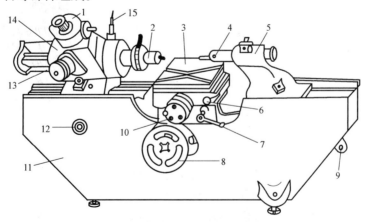

图1-15　万能测长仪外形图

1—读数显微镜　2—测量轴　3—万能工作台　4—微调螺钉　5—尾座
6—工作台转动手柄　7—工作台摆动手柄　8—工作台升降手轮　9—平衡手轮
10—工作台横向移动手轮　11—底座　12—电源开关　13—微动手柄　14—测量座　15—照明装置

　　图1-15左侧测量座14和右侧尾座5都安装在底座导轨上，可以左右移动和固定，以适应不同大小尺寸的测量。测量座由读数显微镜1、测量轴微动装置和照明装置15所组成，测量轴可在测量座中的滚动轴承上轻快地移动，100mm的标准玻璃刻尺固定在测量轴2内，其刻面与测量时的轴线重合。通过灯泡照明，在螺旋读数显微镜1中可以读出测量轴移动的距离，即可得出被测工件尺寸。尾座上装置尾管，尾管通过微调螺钉4可实现微动，使不同类型的零件均能找到正确的测量位置。在底座中部安装有万能工作台3，可做五个自由度的运动。即工作台的径向升降（行程0~150mm），工作台横向运动（范围0~25mm），工作台绕其垂直轴线旋转±4°，工作台绕其水平轴线旋转±3°，工作台测量方向可自由"浮动"±5mm。

　　光学系统及读数装置：光学系统如图1-16a所示，在测量过程中，镶有一条精密毫米分度尺的测量轴随着被测尺寸的大小在测量轴承内作相应的滑动。当测头接触被测部分后，测量轴就停止滑动。从目镜1中可以观察到毫米数值（单位为mm），但还需细分读数，以满足精密测量的需求。微观目镜中有一固定分划板4，它的上面刻有10个相等的分度间距，毫米分度尺的一个间距成像在它上面时恰与这10个间距总长相等，故其分度值为0.1mm。同时，还有一块通过手轮3可以旋转的平面螺旋线分划板2，其上刻有十圈平面螺旋双刻线。螺旋双刻线的螺距恰与固定分划板上的刻线间距相等，其分度值也为0.1mm。在分划板2的中央，有一圈等分为100格的圆周分度。当分划板2转动一格圆周分度时，其分度值为

$$\frac{0.1\,mm}{100} \times 1 = 0.001\,mm$$

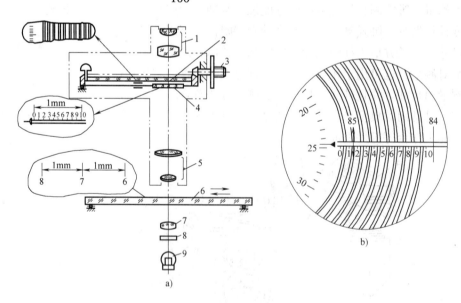

图1-16　读得数为85.125mm

1—目镜　2、4—分划板　3—手轮　5—物镜　6—刻度尺　7—聚光镜　8—滤光镜　9—光源

　　这样就可达到细分读数的目的。读数时，从目镜中观察，可同时看到三种刻线（图1-16b），垂直目镜的刻线（如85）为毫米值，水平方向的为十分之一毫米值，左侧圆形排列的为微米值。读数时，先读毫米值（85mm），转动手轮3，使最靠近分度值的一圈平面螺旋双刻线夹住毫米刻线，然后读出与毫米分度线相邻的较小的数记为零点几毫米

（0.1mm），再从指示线对准的圆周刻度上读得微米值换算为毫米数值（0.025mm）。所以从图1-16b中读得的数为85.125mm。

仪器误差分为以下情况：

外尺寸测量： $\qquad\qquad \pm\left(1.5+\dfrac{L}{100}\right)\mu m$

内尺寸测量 $\qquad\qquad \pm\left(2+\dfrac{L}{100}\right)\mu m$

仪器示值不稳定性 $\qquad\qquad 0.4\mu m$

五、理论知识

1. 用双钩测量内径外形

如图1-17所示，原理如图1-18所示。具体方法是将两测量钩分别装在测量轴和尾座上，先用已知其准确尺寸的标准环规进行调零，即测量其直径，在读数显微镜中读取一个数 a_1。然后再测量被测孔直径。在读数显微镜中读取第二个数 a_2，则被测孔直径 $D_测$ 等于标准直径 $D_标$ 与这两读数差之和。即

$$D_测 = D_标 + (a_2 - a_1)$$

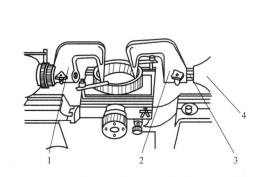

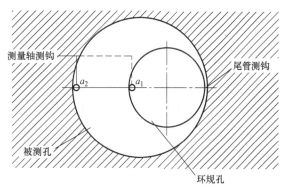

图1-17　用双钩测量内径外形图　　　　　　　图1-18　用双钩测量内径原理图

1—测量轴测钩　2—尾管测钩　3—尾管　4—尾座

2. 用电眼装置测量小孔

被测孔径较小时，就要使用更小的测钩。在一定的测量力下，小测钩的弹性变形较大时，就会影响测量的准确性。为了减小测量力的影响，$\phi1 \sim \phi20mm$ 的小孔可用电眼装置测量，其测量原理如图1-19所示。

用电眼装置测量小孔，如图1-20所示。将已知其精确尺寸的球测头固定在测量臂上，测量臂固定在测量轴上，被测件用压板固定在绝缘工作台上，绝缘工作台用一根导线接在电源的负极上。调谐指示管（即电眼）立于仪器后面插孔内，当测头与孔壁接触时（实际上是非接触，有1μm以内的间隙），电路导通。工作台的负电位被加到调谐指示管的栅极上，荧光屏闪耀面积增大，当测球在被测孔直径方向上移动，并与孔左、右壁接触时（认为电眼开始闪耀为已接触），开始在读数显微镜上读取数据 a_1 和 a_2，其差即为测头移动的距离，加上测球直径，其结果便为被测孔的孔径，即：$D_测 = d_球 + l$ $(l = a_2 - a_1)$。

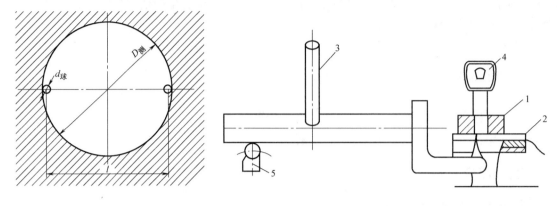

图 1-19　电眼法测量孔径原理　　　　图 1-20　电眼装置测量小孔

1—被测件　2—绝缘工作台　3—读数显微镜　4—电眼　5—微动摩擦轮

注意：用电眼测内孔，不用挂重锤；移动测量轴，特别是要使测球和孔壁保持刚刚接触（即电眼处于闪耀状态），需要精确调整测量轴的位置。即测量轴前面有一微动装置，可精确调整测量轴位移达 $0.5\mu m$；确定测球和孔壁是否处于刚刚接触，方法是当电眼亮度变暗，轻轻拍支撑卧式测长仪的桌面，如电眼闪耀，则说明测球和孔壁处于刚刚接触状态；微动装置被移到红点向上时，则表明处于工作状态，此时禁止用手推动测量轴移动。

六、测量步骤及要求

1. 用双钩测量内径

1）先将仪器调整到水平位置，即调整底座下面的三个支撑螺钉至底座上表面的水平仪圆水泡居中为止。

2）根据被测孔的大小，选择适当的标准环和内测钩以及垫条压片等附件，并将被测件及工作台用汽油擦拭干净待用。

3）安装双测钩，根据被测孔大小，调整尾座及测量座的适当位置，并把它们固定好。调整尾座上的螺钉，可使双测钩上测球球心连线与测量体运动方向一致。

4）将工作台下降一些位置，在工作台上放好垫条，将标准环放在垫条上面，并使标准环上的标线位于测量轴线方向上（因为标准环规的标称内径是以标线处为准的）。然后用压片压紧标准环规（放垫条的目的是避免内测钩碰到工作面）。

5）升起工作台到适当高度，使双测钩进入标准环规。适当调整环规的横向位置，使双测钩在测量力作用下与环规两壁接触。

6）调整万能工作台，使标准环规处于正确位置，在显微镜里找最大值（找垂直截面里的转折点）。当两个转折点重合时，即可在显微镜中读取第一个数据 a_1。

7）取下标准环规，把被测孔固定在工作台上，重复上述动作，找到被测孔的直径位置，即可读取第二个数据 a_2。

8）计算被测孔直径，按公式 $D_{测}=D_{标}+（a_2-a_1）$。

9）取出小重锤、压片、被测工件、垫条、双测钩等物，擦拭干净，涂好防腐油放回原处。

2. 用电眼法测量小孔

1）清洗工件、万能工作台、绝缘工作台。把绝缘工作台安置在万能工作台上，并注意使它处于水平位置。把调谐指示管（电眼）装于仪器后面孔内，按要求接好导线。注意：一定要清洗干净以保证测量精度和良好的导电性。

2）根据被测孔大小选择适当测头，清洗干净后，把它装于测量臂上。测量臂大致要垂直测量平面（即测头轴线大致平行孔轴线）。

3）把被测件固定在绝缘工作台上的适当位置上，升降工作台使测头进入被测孔径的适当高度，横向移动工作台，用弦切法使测头位于被测孔的直径方向上。

4）通过微动装置移动测量轴，使测球先后与孔的左右两壁刚刚接触，即电眼闪耀时，在读数显微镜上读取两个数，取它们的差值，按公式计算出被测孔直径 $D_{测} = d_{球} + (a_2 - a_1)$。

注意事项：

1. 升降工作台时需小心，严防破坏测钩、损坏仪器。

2. 严禁用手触摸标准环规内表面。

七、思考题

1. 卧式测长仪为什么必须有五个自由度？用双钩测孔径和用电眼测孔，在测量过程中采用什么办法保证测量到的数据是孔径的直径，而不是某一根弦长？

2. 用双钩测孔径的误差来源有哪些因素？测量的主要误差是由什么引起的？

3. 用电眼装置测孔径的误差来源有哪些？

实验5　阿贝比长仪鉴定线纹尺

线纹尺是指在钢制的、玻璃制的或其他材料制的尺体表面上刻有一定数量的等间距的或不等间距刻线的一种多值量具。根据不同用途和不同的准确度要求，线纹尺有不同的类型。线纹尺主要用于精密机床、仪器仪表制造、工程建筑、国防工业等部门，同时在商品贸易以及日常生活中也被广泛使用。

低准确度的线纹尺进行测量，可用目视方法与被测的物件进行直接比较，高准确度线纹尺则必须通过一定的器具才能对被测件进行测量。线纹尺的材料也是多种多样的，按照不同的需要有用金属材料制成的刚性与弹性尺，有用光学玻璃制成的玻璃尺，也有用竹、木、布等材料制成的尺。具有不同准确度的每一种线纹尺都制订有国家鉴定规程，并按线纹尺检定系统进行量值传递。

一、实验目的

1. 了解阿贝比长仪工作原理及结构特点。

2. 通过对线纹尺鉴定，了解线纹尺特点及鉴定线纹尺的方法。

二、实验内容

1. 用阿贝比长仪鉴定线纹尺的长度尺寸误差，并判断合格性。

2. 被鉴定的线纹尺示值误差在 ±1.5mm 范围内。

3. 要求全长测量 20 个点。

三、实验设备

阿贝比长仪、线纹尺

四、仪器说明

测量时，测量装置需要移动，而移动方向的正确性通常由导轨来保证。由于导轨有制造和安装误差，因此测量装置在移动过程中产生方向偏差。为了减小方向偏差对测量结果的影响，1890 年德国人艾恩斯特·阿贝提出了以下指导性原则："将被测物与标准量尺沿测量轴线成直线排列"。这就是阿贝原则，即被测尺寸与作为标准的尺寸应在同一直线上，按串联的形式排列，只有这样，才能得到精确的测量结果。

分度尺鉴定有两种方法：绝对法和相对法。绝对法是直接用光波来鉴定基准分度尺和高精度量仪的分度尺。相对法是被鉴线纹尺和基准分度尺进行比较的方法。相对法一般用于鉴定一级和二级玻璃短标尺和工作尺。本实验则使用阿贝比长仪采用相对法对线纹尺进行鉴定，其测量原理图如图 1-21 所示。

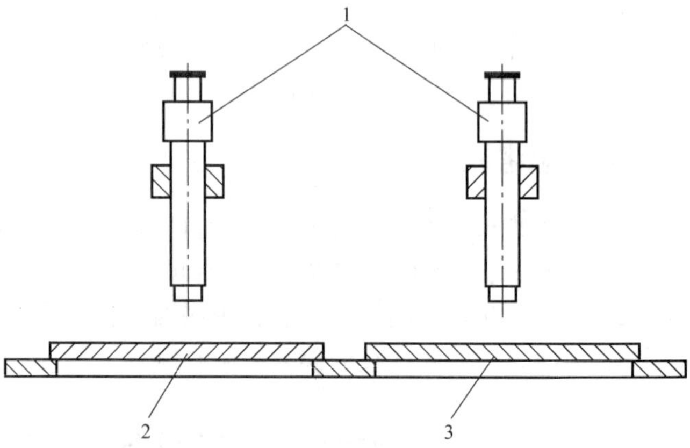

图 1-21　比长仪原理图

1—显微镜（或光电显微镜）　2—标准分度尺　3—被鉴定线纹尺

1. 阿贝比长仪的原理与结构

阿贝比长仪由两个固定在一起的显微镜——对线显微镜和读数显微镜组成，用于精确测量两点之间的距离。由于两个显微镜紧紧固定在一起，所以当移动其中一个显微镜时，另一个也获得相同的位移。这样我们在对线显微镜中每确定一个点或一条线就把此时的读数显微镜的所示值记录下来，这些数据的差值就反映了与其相对应的点或线之间的距离。

阿贝比长仪有一个工作平台，可以呈水平状态，也可呈 45 度倾斜状态。工作平台的锁紧螺钉松开时，可沿钢梁纵向平移，螺钉锁紧后，转动手轮可驱使平台横向移动。仪器中间为固定支架，左侧为"对谱"系统（对线系统），右侧为"读数"系统，两系统的显微镜用固定于支架上的防热钢板连成一体。对谱系统由对线显微镜、采光反射镜、看谱孔、谱板压紧弹簧和谱板纵向移动装置等组成。读数系统由读数显微镜、采光反射镜、嵌在平台右侧的 200mm 长的精密玻璃毫米尺等组成。

2. 阿贝比长仪的读数方法

阿贝比长仪的读数方法与本书第一部分实验 4 介绍的卧式测长仪的读数方法相同，这里不再赘述。

将 200mm 被测二级线纹尺按阿贝原则放置在工作台上，将被测线纹尺与标准刻度尺的刻线分别用显微镜对好（调零）读数。然后移动工作台，将被测线纹尺准确地移动过一刻线，再由显微镜读数，其差值便是被测线纹尺与标准分度尺相应一分度线的差值。这样就可依次的将各分度值测量出来。

五、理论知识

测量结果中包含着随机误差和系统误差。

（1）随机误差 比较测量中随机误差的主要来源有：显微镜的对准、读数误差以及温度的波动和温度测量误差。随机误差的计算方法有多次测量列的误差计算和双次测量列的误差计算，我们仅对多次测量列的误差计算加以说明。

测量次数较多时，单次测量的标准偏差为

$$\sigma = \sqrt{\frac{[VV]}{m(n-1)}}$$

式中 $[VV]$——残差平方和，$[VV] = \delta_1^2 + \delta_2^2 + \cdots + \delta_n^2$；

n——测量次数；

m——被测的间隔数。

算数平均值的标准偏差为

$$\sigma = \sqrt{\frac{[VV]}{nm(n-1)}}$$

（2）系统误差 在比较测量中，系统误差的主要来源有：标准尺的鉴定误差、线纹尺的安装误差、显微镜的调整误差、测温系统误差及线纹尺热膨胀系数的误差等。

六、实验步骤及要求

1. 把被测线纹尺置于工作台上进行调零，并调节线纹尺分度线与移动方向垂直。

2. 瞄准被测线纹尺分度线，使标准分度尺与被测线纹尺在零位对齐，拉动阿贝比长仪拉杆，到被测点附近，进行微调，使目镜中的标准线对准被测点分度线，并在测微器上读数。要求每 10mm 进行一次测量。

3. 重新回到零位对准，重复上面操作步骤，对下一个 10mm 进行测量，以此类推，完成所有测量，将数据记在实验报告的相应表格中。

4. 数据处理。求出各点示值误差以及累积误差。

5. 判断被鉴线纹尺的合格性。

6. 实验完毕整理好仪器。

七、思考问题

1. 比长仪为什么具有较高精度？

2. 画出读数显微镜光路简图和测微目镜工作原理图。

实验6 接触式干涉仪鉴定量块

一、实验目的

1. 了解仪器结构原理及使用方法。

2. 掌握量块鉴定方法。

3. 学习分析测量结果。

二、实验内容

1. 接触式干涉仪测量量块中心长度及长度变动量。

2. 接触式干涉仪测量量块平面平行度偏差。

3. 确定被测量块的等和级。

三、实验设备

接触式干涉仪、标准量块（0 级，2 等）、被测量块（1 级，83 块）。

四、仪器说明

量块也称块规，它是几何量计量中从长度的自然基准传递到实物基准、保证量值统一的端面基准量具。在制造业中，量块可用作量仪、量具的检验和校正，以确保各零部件几何尺寸准确一致。在通用量具和长度光学计量仪器的鉴定规程中，几乎都规定了接触式干涉仪是利用干涉条纹位置以及接触比较法进行测量的精密仪器，是用量块或标准件与被测零件比较的方法作长度测量的。

接触式干涉仪的光学系统如图 1-22 所示。光源 1 经聚光镜 2 聚焦后，直接经过滤光镜 3，投射至分光镜 4 上。分光镜把入射光线分成两束后分别投射到位于互相垂直的反射镜 6 和 7 上，由分光镜表面至反射镜 6 的光线，借助于补偿镜 5，使其路程上的光学条件与投射至反射镜 7 上的路程的光学条件完全相同。当上述两束光线稍有光程差而发生干涉时，就可通过物镜 8 及目镜 10 进行观察，在视场中可以同时见到干涉条纹和分划板 9 上的分划。目镜可以绕轴 11 转动，以便观察。反射镜 6 固定在测杆 12 上，并与测杆一起可沿测杆轴线移动。测量头 13 与被测件 14 直接接触。

接触式干涉仪由干涉管，支架和可换测量工作台组成（见图 1-23）。干涉管是仪器的主要部分，它是由测量柱 1，干涉箱 2 和观察镜管 3 所组成的"厂"形部件，在测量柱端部的测杆上可装上测量头 4 以及测杆提升器 5。通过目镜 8 右边的小手轮 6 的移动，可以使分划尺作横向移动。扳动扳手 7，可使目镜绕轴线摆动，以便观察。隔热屏 9 的作用是减少人体体温及潮气对被测零件的影响。

支架部分是由稳固的底座 14，弯臂 13 及悬臂 10 所组成。干涉管就是安装在其相应的孔中，并能以手轮 11 加以固紧。利用手轮 12 的转动，可以使悬臂连同干涉管迅速地上下移动。手轮 15 的转动，可使工作台作极缓慢地上下移动。手轮 16 能将工作台固定在任何位置上。聚光镜座 21 及带有 5W 灯泡的光源座 17 是固定在一根杆 18 上的。

通过专用调节扳手来转动干涉箱上十字槽形螺钉时，可以改变干涉条纹的宽度及方向。

松开手轮 20 可以将物镜沿其轴线移动，以达到物镜调焦的目的，拧紧手轮 20 可将物镜在已定位置上牢靠的固紧。根据需要可以拿下或放上干涉滤片 19 来获得白光干涉带或单色光干涉带。

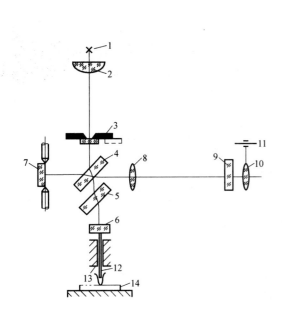

图 1-22　接触式干涉仪光学系统
1—光源　2—聚光镜　3—滤光镜　4—分光镜
5—补偿镜　6、7—反射镜　8—物镜
9—分划板　10—目镜　11—轴
12—测杆　13—测量头　14—被测件

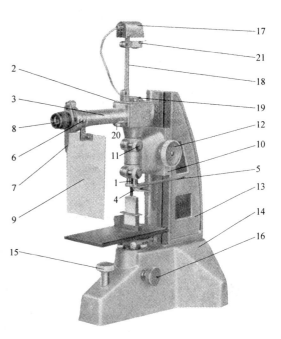

图 1-23　接触式干涉仪
1—测量柱　2—干涉箱　3—观察镜管　4—测量头
5—测杆提升器　6—小手轮　7—扳手　8—目镜
9—隔热屏　10—悬臂　11、12、15、16、20—手轮
13—弯臂　14—底座　17—光源座　18—杆
19—干涉滤片　21—聚光镜座

使用前应首先检查仪器活动部分的平滑性，锁紧螺钉的可靠性，视场照明度及干涉带的清晰度等，当测杆在自由状态时，白光的黑色干涉带应该在负向分度尺之外约 10 个分划左右的地方。这个调整可以通过调节螺母进行，如图 1-24 所示。

测量前还需要确定仪器的分度值，用单色光任意取一定数量的干涉带，使其与分度尺适当的分划相重合，以此来确定分度值，其关系式为

$$n = \frac{\lambda K}{2i}$$

式中　n——观察目镜中所见到的分度尺上与 K 个干涉带相重合的分划数；

　　　λ——所用单色光的波长；

　　　i——仪器的分度值。

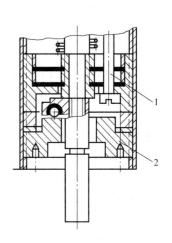

图 1-24　调节螺母
1—调节螺钉　2—调节螺母

按被鉴定量块精度决定 i 值，若鉴定 2 等、0 级块规时，选 $i = 0.05\mu m$，若鉴定 3 等、1、2 级块规时，选 $i = 0.1\mu m$。

推荐使用的 i 值及 K 值见表 1-2。

表 1-2　推荐使用的 i 值及 K 值

分度值 $i/\mu m$	0.05	0.1	0.2
干涉带数据 K	8	16	32

用专用调节扳手来调整干涉箱上十字槽形螺钉可调节一定分划数内的干涉带数据，并调整干涉带使其与刻线平行。以分度尺 0 位为中点，对称地将 K 条条纹置于 n 格中，如图 1-25 所示。

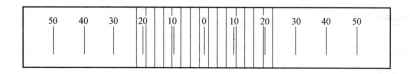

图 1-25　干涉带调整示意图

例如：　已知，$K=16$，$\lambda=0.55$，$i=0.1$，则

$$n = \frac{0.55 \times 16}{2 \times 0.1} = 44$$

五、实验步骤及要求

1. 检查仪器，用汽油将工作台测量头及量块擦干净。
2. 将白光的黑色条纹移至分度尺 0 点位置。
3. 放入滤光片调整仪器分划值。
4. 移去滤光片，将白光的黑色条纹移至 –50 处。
5. 安装量块，调整零位。将被鉴定的和标准的量块分别置于专用的量块框内，量块安放位置如图 1-26 所示，使标准量块中心 0 点位于测量头下。调节臂架，使测量头下降至与标准量块几乎接触时，锁紧臂架。用手轮 15 调节工作台使量块与测量头接触，且黑色条纹对在刻度尺 0 位上，锁紧工作台，轻轻提升测量头数次，再

图 1-26　量块安放位置

用目镜旁的小手轮 6 精确对零。然后再多次轻轻的提升测量头，示值变化不超过 $\pm 0.02\mu m$，即可作为基准零位。

6. 进行测量

1）将被测量块中心移到测量头下提升测量头几次，读出黑色条纹距基准零位移动了几个格或几分之几格，记：

$$\Delta l_1 = ni$$

2）依次测量 $0'$、a、b、c、d 各点。各点位置应距棱边 0.5mm。再按 d、c、b、a、$0'$ 的顺序重测一次，最后重测基准零位 0 点。若误差不超过 $\pm 0.02\mu m$，则认为此次测量有效。

7. 测量结果处理。量块各测点都采取两次测量的算术平均值作为测量结果。平面的平行度偏差 δ 为各点的两次测量的平均值对中心长度偏差的最大值：

$$\delta = \frac{a + a'}{2} - \Delta l$$

式中　　Δl 为中心长度偏差，$\Delta l = (\Delta l_1 + \Delta l_2)/2$。

8. 整理仪器，实验完毕。

六、思考题

1. 接触式干涉仪的测量原理是什么？

2. 接触式干涉仪有几种工作台？各工作台适合什么测量条件？

3. 如果干涉带在视野中消失，如何调整？

第二部分　角度锥度测量

角度与锥度的测量是机械制造中技术测量的重要组成部分，它包括直接测量和间接测量。直接测量是用工具或仪器直接量出工件的角度数值或直接评定工件是否合格的测量方法。间接测量是先测出与其有关的线尺寸，通过三角函数计算求得角度和锥度值。角度与锥度的测量工具和方法很多，利用角度量块，万能量角器，光学分度头，光学测角仪等都可直接测得角度或锥度值。而利用圆环、圆柱、圆球及正弦尺可间接测量角度和锥度。角度和锥度的间接测量在多数情况下，可以采用简单的工具来进行，所以适应性较大。本部分实验内容分别进行直接测量和间接测量。

实验1　游标万能角度规检测角度

一、实验目的

1. 熟悉用游标万能角度规检测角度。
2. 熟悉直接测量法的特点，并会判断角度的合格性。

二、实验内容

用游标万能角度规检测角度，并判断其合格性。

三、实验设备

游标万能角度规、被测件和平板。

四、仪器说明

游标量具是常用的通用量具，是利用游标原理读数的。游标原理的读数方法是：当主尺零线对准标尺零线时，只有游标尺最末一根分度线和主尺分度线重合，游标尺的其他分度线都不与主尺分度线重合。若游标尺某一根分度线和主尺的某一个根分度线重合时就可读数。

游标万能角度规是一种结构简单、使用广泛的量具，它主要用来测量各种工件和样板的角度。游标万能角度规的种类很多，图 2-1 所示为最常用的类型之一，它的读数方法和游标卡尺相类似，利用基尺、直尺、角尺可进行 0°~320°范围内任意角度的测量。一般游标万能角度规的示值误差有 2′和 5′两种，使用二级角度量块进行鉴定。本实验所用角度量规的示值误差为 2′。

图 2-1a 所示为检测 0°~50°的角度的测量方法示意图；图 2-1b 所示为检测 50°~140°的角度的测量方法示意图；图 2-1c 所示为检测 140°~230°的角度的测量方法示意图；图 2-1d 所示为检测 230°~320°的角度的测量方法示意图。

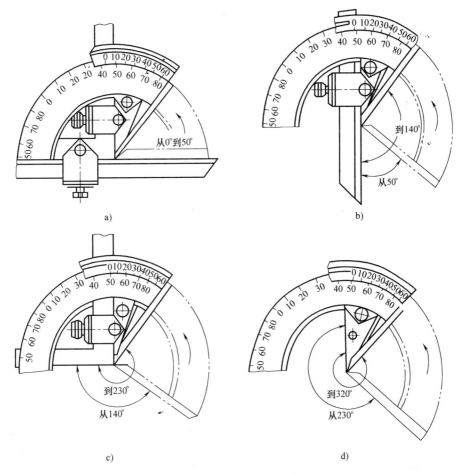

图 2-1　游标万能角度规测量方法

五、测量步骤及要求

1. 将被测件擦净平放在平板或工作台上。如工件小可用手按住。

2. 依据被测角度的大小，按图 2-1 所示四种状态之一组合游标万能角度规。

3. 松开游标万能角度规的制动头，使角度规的两边与被测角度的两边贴紧，目测应无间隙，然后锁紧制动头，即可读数。

4. 根据被测角度的极限偏差判断被测角度的合格性。

实验中需要注意的是：

1. 测量面的中心线不能偏离工件中心，即直尺（或直角尺）中心应该在工件的轴向剖面内，否则将直接影响测量值。应该强调的是：直尺（或直角尺）并不处于基尺的中间部位，因此测量时不能使基尺中心对准工件中心，而应使直尺（或直角尺）中线对准工件中心。

2. 以外圆为测量基准时，该外圆轴线与圆锥面轴线之间不应该存在平行度误差；以端面为测量基准时，端面与圆锥轴线之间不应存在垂直度误差，否则这些误差将会影响测量值。

3. 测量基准面不能凹凸不平，不能有毛刺、飞边或沾有碎屑、灰尘、油污等杂物，否则会影响测量精度。

4. 不能用游标万能角度规测量精密角度类零件。因为在测量时，角度的位置不可能放得十分准确，加上视觉误差因素，往往使测量值不精确。

六、思考题

1. 游标万能角度规的测量原理是什么？
2. 游标万能角度规的测量范围是多少？

实验 2　正弦规测量外锥体

一、实验目的

1. 掌握正弦规测量外锥体的原理和方法。
2. 熟悉间接测量法的特点，并初步掌握其误差分析的特点。

二、实验内容

用正弦规测量圆锥塞规的锥角偏差。

三、实验设备

正弦规、平板、千分表及表架和被测圆锥量规。

四、仪器说明

正弦规是间接测量角度的常用计量器具之一，它需要和量块、指示表等配合使用。正弦规的结构如图 2-2 所示。

正弦规上方为一精密的长方形工作面，按其尺寸的大小，正弦规分宽面型和窄面型两种。宽面型正弦规的表面有许多螺钉孔，并在长边和宽边的一侧装有挡板，测量中用以固定各种形状的零件。正弦规的下方左右两侧各有一尺寸相同的精密圆柱，两圆柱中心线之间的距离 L 按规格有 100mm 和 200mm 两种，要求非常精确。

正弦规的主要技术要求见表 2-1。

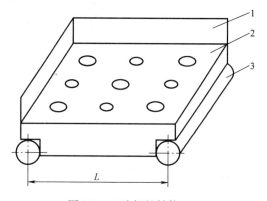

图 2-2　正弦规的结构
1—挡板　2—工作面　3—圆柱

表 2-1　正弦规的主要技术要求

项目＼中心距	$L = 100\text{mm}$	$L = 200\text{mm}$
两圆柱中心距 L 的极限偏差/μm	±3	±5
两圆柱公切面与工作面的平行度公差/μm	2	3
两圆柱的直径差/μm	3	3

五、原理知识

如图 2-3 所示，设被测件的公称圆锥角为 2α。按正弦关系选择量块组尺寸为 h，$h = L\sin 2\alpha$。将 h 高度的量块组垫在正弦规的一端（即正弦规的工作面与平台成 2α 角），再将被测件安放在正弦规的工作面上。此时，若被测角正好是 2α，则被测件上方的母线将与平台表面平行，若指示表度数不同，则说明实际锥角不是 2α，而是 $2\alpha'$，其差值 $\Delta 2\alpha'$ 即为被测件的锥角误差。

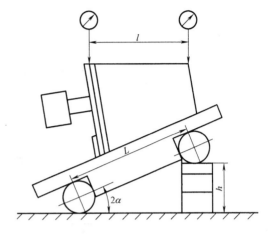

图 2-3　测量圆锥角示意图

由图 2-4 可知圆锥角的实际误差为

$$\Delta 2\alpha' = 2\alpha' - 2\alpha$$

$$\sin \Delta 2\alpha' = \frac{n}{l} \qquad (2\text{-}1)$$

式中　n——a、b 两点的读数差（mm）；

　　　l——a、b 两点间的长度（mm）。

由于 $\Delta 2\alpha'$ 很小，取弧度制可近似得

$$\Delta 2\alpha' \approx \frac{n}{l}$$

将弧度转化为秒，其圆锥角误差为

$$\Delta 2\alpha' = \frac{n}{l} \div 2\pi \times 360 \times 3600 \approx \frac{n}{l} \times 2 \times 10^5$$

由图 2-4 可知，若 a 点高于 b 点，$2\alpha' > 2\alpha$，$\Delta 2\alpha'$ 为正值，说明实际锥角大于公称值（见图 2-4a）。若 a 点低于 b 点，$2\alpha' < 2\alpha$，$\Delta 2\alpha'$ 为负值，说明实际锥角小于公称值（见图 2-4b）。

六、测量步骤及要求

1. 按公式 $h = L\sin 2\alpha$ 的尺寸选择量块，并组合成量块组。将有关量具及用具清洗干净。将正弦规放在平台上，用量块将正弦规的一端垫起，再把被测件放置在正弦规的工作面上。被测锥体的轴线要垂直于正弦规圆柱的轴线。并借助于 V 形架和螺钉加以固定。

2. 移动指示表架，在被测件母线上距离两端不小于 2mm 的 a 点和 b 点进行测量读数。指示表应先压缩 1~2 圈，并应在最大值处读数，两点各重复测三次，取平均值填在实验报告中。

3. 取下被测件，用钢直尺测定 a、b 两点间的长度 l。

4. 填写实验报告，查出被测锥度的公差值，并作出测量结论。

该实验产生误差的因素很多，主要原因有：

1. 正弦规本身的制造误差。如两圆柱中心距误差 ΔL，两圆柱公切面与正弦规工作面的平行误差 $\Delta_{平行}$。

2. 调标准角度用的量块组尺寸误差 Δh。

3. 指示表的示值误差 $\Delta_{表}$；

4. 测量结果中以 $\Delta 2\alpha'$ 代替 $\sin \Delta 2\alpha'$ 的原理误差及 a、b 两点间长度的误差 Δl。其中，有

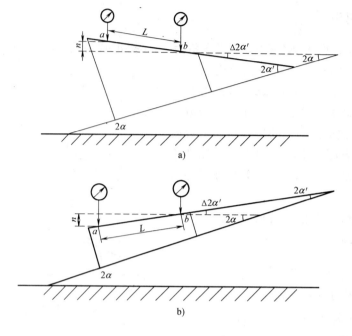

图2-4　圆锥角的实际误差

的以直接关系影响测量结果，有的以间接关系影响测量结果，有些则可忽略不计，例如量块组尺寸误差 Δh，正弦规两圆柱中心距误差 ΔL，就是以间接关系影响到作为基准的 2α。下面试推导由此产生的基准误差 $\Delta 2\alpha$ 的大小。

已知三者的函数关系为

$$\sin 2\alpha = \frac{h}{L}$$

对其两边求导

$$\cos 2\alpha \cdot \Delta 2\alpha = \frac{\Delta h}{L} - \frac{h}{L^2}\Delta L$$

移项

$$\Delta 2\alpha = \frac{1}{\cos 2\alpha} \cdot \frac{h}{L}\left(\frac{\Delta h}{h} - \frac{\Delta L}{L}\right)$$

化简

$$\Delta 2\alpha = \tan 2\alpha \left(\frac{\Delta h}{h} - \frac{\Delta L}{L}\right)$$

如果 Δh、ΔL 均为随机误差，则

$$\Delta 2\alpha = \pm \tan 2\alpha \cdot \sqrt{\left(\frac{\Delta h}{h}\right)^2 + \left(\frac{\Delta L}{L}\right)^2} \tag{2-2}$$

此外，工作面与二圆柱公切面的平行度误差 $\Delta_{平行}$，指示表的示值误差 $\Delta_{表}$ 在 l 长度内引起的误差及基准误差 $\Delta 2\alpha$ 又按直接关系构成测量方法的总误差 $\Delta_{总}$。如果以上各误差均为随机误差，其在 L 内的总误差为

$$\Delta_{总} = \pm \sqrt{\left(\frac{\Delta_{平行}}{L}\right)^2 + \left(\frac{\Delta_{表}}{l}\right)^2 + \Delta 2\alpha^2}$$

若以上误差均为系统误差，其总误差为

$$\Delta_{总} = \frac{\Delta_{平行}}{L} + \frac{\Delta_{表}}{l} + 2\alpha$$

正弦规测量精度很高，可测量角度样板、锥体塞规及高精度的工件。

七、思考题

1. 用正弦规测量锥体锥角时，为什么可用精度很低的钢直尺来测量 a、b 两点间的距离？

2. 用正弦规测量锥度时有哪些测量误差？

3. 为什么用正弦规测量锥度是属于间接测量？

实验 3[*] 　　光学分度头的使用

一、实验目的

1. 了解光学分度头的原理及螺旋测微原理。

2. 了解光学分度头的光路系统、阿贝测量头光路系统。

3. 熟悉光学分度头的基本操作。

二、实验内容

1. 光学分度头的角度测量：测量 2 级准确度的角度量块。

2. 光学分度头的分度测量：测量齿轮的齿距误差。

三、实验设备

光学分度头

四、仪器说明

光学分度头是对圆周工件进行精密测量和分度的仪器，可测量拉刀、铣刀、凸轮、齿轮等的分度中心角，也可在加工中对零件进行精密分度。按分度值可分为 $10''$、$6''$、$5''$、$3''$、$2''$、$1''$ 等几种。按读数方式可分为目镜式、影屏式和数字式。本实验使用蔡司生产的 P_3 光学分度头（$3''$），如图 2-5 所示。

光学分度头一般由头部、底座和尾架三部分组成，其外观如图 2-5 所示。分度头的头部是主体部分，主要作用是产生标准角度，同时带动被测工件转动。底座用来安放头部主体、尾架、附件、测微表架、自准直仪等。尾架顶尖与头部主体顶尖配合，可夹持不同长度的工件。光学分度头的主要附件是阿贝测量头，用于凸轮、凸轮轴一类工件的测量。

五、原理知识

光学分度头用于角度测量和工件加工中的分度工作，一般是以工件的旋转中心线作为测量基准，以此来测量工件的中心夹角。

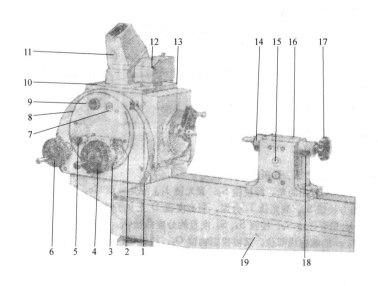

图 2-5　P_3 光学分度头

1—主轴锁紧螺杆　2—微动手轮　3—微动离合手轮　4—主轴传动手轮　5—粗动离合手柄　6—仰角调节手轮
7—零位调节器　8—仰角度盘　9—测微器　10—光学倾斜仪座　11—遮光罩　12—照明光源　13—玻璃度盘
14、15—锁紧螺钉　16—尾座　17—顶针进给手轮　18—偏心轴套　19—基座

1. P_3 光学分度头的光路系统

P_3 光学分度头的光路是玻璃度盘经二次放大成像的投影读数系统。P_3 光学分度头的光路系统如图 2-6 所示。由光源 1 发出的光线经过直角棱镜 2 转向，经过聚光镜 3、4 及隔热玻璃 5 和滤光片 6，再通过直角棱镜 7、斜方棱镜 8 和聚光镜 9 成黄绿色平行光照射玻璃度盘 10。玻璃度盘刻线经过直角棱镜 11 转向，至投影物镜 12、13，并通过屋脊棱镜 14，复合直角棱镜 15，直角棱镜 16 转向，再通过半圆柱避光镜 17 与读数窗 18 成像在刻有阿基米德螺旋线的秒盘 19 上。然后，玻璃度盘在秒盘上的一次放大像及秒盘上的阿基米德螺旋线和秒分划线再经过投影物镜 20、21 又一次放大，并通过转向棱镜 22 与反射镜 23、24 投影成像在具有凸球面略带放大作用的投影屏 25 上，进行读数。

2. 阿贝测量头及其光路系统

阿贝测量头是光学分度头的主要附件之一。它配合光学分度头可以用于零件的极坐标测量。特别是对于凸轮、凸轮轴之类零件的测量，阿贝测量头是必不可少的。它的光路系统如图 2-7 所示。由光源 1 发出的光线经过滤光片 2、聚光镜 3 及直角转向棱镜 4 成为单色光，照射玻璃刻尺 6。刻度线经显微物镜组 7 及反射镜 8、转向棱镜 9 通过补偿透镜 10 成像在分划板 12 上，然后即可通过显微目镜组 13 观察分划板 12 上的读数。

3. 阿基米德螺旋线测微

阿基米德螺旋线的形成原理是：动点沿一直线作等速移动，而此直线又围绕与其直交的轴线作等角速的旋转运动时，动点在该直线的旋转平面上的轨迹。根据这个原理（见图 2-8），只要满足阿基米德螺旋线，一周的升程就等于分划线的间距，同时，相对阿基米德螺旋线一周均匀分布的秒分划线的全程等于度分划线的格值，因此可达到测微的目的。

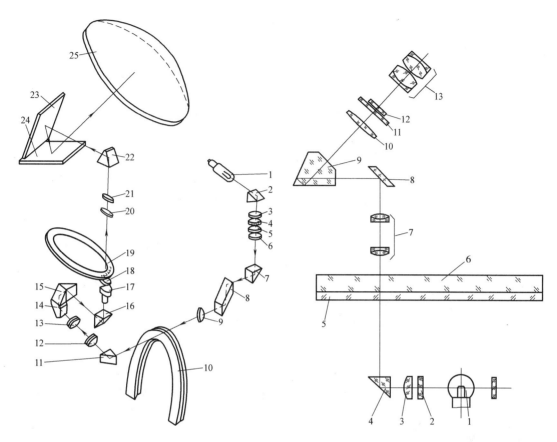

图 2-6　P_3 光学分度头的光路系统

1—光源　2、7、11、16—直角棱镜　3、4、9—聚光镜
5—隔热玻璃　6—滤光片　8—斜方棱镜　10—玻璃度盘
12、13、20、21—投影物镜　14—屋脊棱镜
15—复合直角棱镜　17—半圆柱避光镜　18—读数窗
19—秒盘　22—转向棱镜　23、24—反射镜　25—投影屏

图 2-7　阿贝测量头的光路系统

1—光源　2—滤光片　3—聚光镜　4—直角转向棱镜
5—保护玻璃　6—玻璃刻尺　7—显微物镜组
8—反射镜　9—转向棱镜　10—补偿透镜
11—微米测微尺　12—分划板　13—显微目镜组

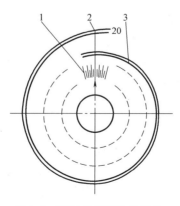

图 2-8　阿基米德螺旋线测微

1—秒刻线　2—刻度线　3—阿基米德双螺旋

六、实验步骤及要求

1. 光学分度头的角度测量：测量二级准确度的角度量块

角度量块是一种结构简单的角度测量工具。主要用于鉴定游标万能角度尺，有时也用来直接检验工件。角度量块的准确度及技术要求见表 2-2。

表 2-2　角度量块的准确度及技术要求

角度量块准确度	工作角偏差	工作角测量极限偏差
1 级	±10″	±5″
2 级	±30″	±12″

本实验采用光学分度头配以自准直光管对二级准确度的角度量块进行鉴定。实验装置如图 2-9 所示。

首先将光学分度头主轴偏转 90°至紧靠垂直定位螺钉（或光学分度头主轴偏转度盘示值 90°），然后将专用检具插入主轴锥孔中。将需要检验的角度量块放在专用检具的工作面上固定，防止鉴定过程中走动。在角度量块水平方向靠近光学分度头处放置一自准直光管，找到角度量块一个工作面的自准直像，并在光学分度头上读取数值 α_1，然后旋转光学分度头至自准直光管对准角度量块的被测角的另一个工作面，读取分度头数值 α_2，则被检角度量块的角度 β 实际为

$$\beta = \left| 180° - \left| \alpha_1 - \alpha_2 \right| \right|$$

一般情况下，为了提高测量精度，可将被检角度量块放置在两圆柱销两个对侧，如图 2-10 所示的 1、3 位置。取 1、3 位置的两次测量值的平均值。则可消除光学分度头偏心误差。若将角度量块分别放置在 1、2、3、4 四个位置上测量，则不但可以消除偏心误差，还可以减少度盘制造误差带来的影响。

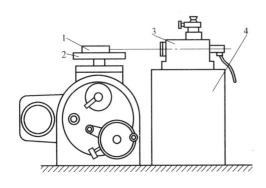

图 2-9　光学分度头配以自准直光管鉴定角度量块
1—被检角度量块　2—装在光学分度头上的专用夹具
3—自准直光管　4—垫架

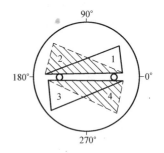

图 2-10　角度量块的放置

2. 光学分度头的分度测量：测量齿轮的齿距偏差

用分度头测量齿轮的齿距偏差所用的附件有：测量凸轮装置（图 2-11）。齿轮的齿距偏差反映了齿轮对回转中心分布的不均匀性，其单个齿距偏差 f_{pt} 和齿距累积偏差 F_{pk} 能够反映齿轮工作的平稳性，而齿距累积偏差 F_{pk} 则反映了齿轮的运动精度。本实验只要求对齿轮的单个齿距偏差进行测量和计算。

（1）调中心（见图2-5）　调整光学分度头两顶尖的连线与主轴同轴心，即通过调整尾座来实现两顶尖在一条线上。首先在两顶尖装一标准轴，将指示表装卡在表架上放置到工作面，先调垂直方向。表头朝下前后移动检测标准轴左端最高点数值。移动表架至标准轴最右端，同样前后移动表架检测出右端的最高点数值，如果两数值不一样，松开锁紧螺钉15，调整偏心轴套18，待高度一致时，锁紧锁紧螺钉15。然后调水平方向。将指示表旋转90°，测量头对准标准轴侧面，沿水平方向移动，观察指示表示值变化，调整尾座，至指示表在水平移动示值不变为止。为了保证垂直方向不受影响，可再次进行调整。直到两顶尖严格成一条直线为准，当然，严格成一条直线很困难，只要保证指示表示值差异在 $10\mu m$ 之内即可。

（2）测量　将齿轮连同心轴装在光学分度头的两个顶尖间，安装好齿轮测量装置，效果如图2-11～图2-13所示，将测量装置测量头放置在齿轮分度圆处，待指针压进2圈后，读测微器读数 φ_1'、齿轮测量装置显微镜读数 A 和分度头的角度值，松开齿轮测量装置的主轴轴向运动锁紧手柄，抽回测微器，将分度头旋转 $360°/z$（齿数），重新将测微器压进下一个齿面上，观察齿轮测量装置显微镜，使读数为 A，记下测微器第二个读数 φ_2'。依此类推，逐齿测得 φ_3'、…、φ_k'。

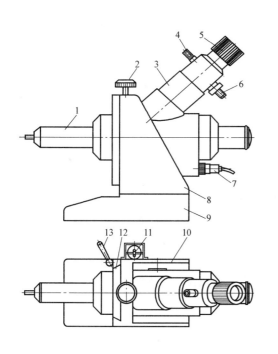

图 2-11　测量齿距误差的装置
1—主轴　2—主轴中心高度调节螺钉
3—读数显微镜　4—零位调节螺钉
5—目镜　6—测微手轮　7—照明光源
8—支架　9—底座　10—主轴轴向运动锁紧手柄
11—重锤　12—主轴高度调节导轨　13—锁紧手柄

图 2-12　光学分度头测量齿轮的齿距误差

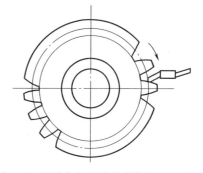

图 2-13　测头与被测齿轮接触测量示意图

（3）数据处理　求出 φ_k' 与均匀分布的理论齿距 φ_k 的差，得到各齿与起始齿同侧的齿距误差

$$\Delta\varphi_k = \varphi'_k - \varphi_k$$

$\Delta\varphi_k$ 的最大值与最小值之差即为齿轮的最大齿距误差。

七、思考题

1. 光学分度头的特点是什么？
2. 影响测量结果的因素有哪些？

实验 4* 测角仪测量棱镜角度及折射率

一、实验目的

1. 了解自准直原理及测角仪测量原理。
2. 了解角度误差产生的原因，了解度盘相对转轴的偏心对角度误差的影响。
3. 熟悉测角仪的操作。

二、实验内容

1. 测量棱镜的角度。
2. 测量棱镜的折射率。

三、实验设备

测角仪、棱镜

四、仪器说明

测角仪是角度测量工作中使用较广的一种测量仪器，它主要用于测量角度量块、多面棱体、棱镜的角度、楔形镜（光楔）的楔角及玻璃板两平面的平行度等。用测角仪测量的工件一般用平行于被测角平面的端平面定位，且要求构成被测角的被瞄准平面具有较高的反射率。

本实验采用的仪器是 MOLLER Ⅲ 型测角仪。该测角仪一般应用于测量棱镜角度、透镜的偏向角以及玻璃、晶体、液体的折射率。MOLLER Ⅲ 型测角仪的基本结构如图 2-14 所示。

五、原理知识

1. 棱镜角度的测量

如图 2-15 所示，检测被测棱镜角度 A 的测量方法：先用自准直望远镜对 AC 面自准，在显微镜中读数 a。使自准直望远镜相对于被测棱镜转动，对 AB 面自准，在显微镜中读取相应的读数 b，则

$$A = 180° - (b - a)$$

2. 折射率测量

棱镜折射率测量的原理如图 2-16 所示，调整 $\varepsilon_1 = \varepsilon_2$，可以根据以下公式计算特定波长下的折射率

$$n = \sin[0.5(\delta_{\min} + \alpha)]/\sin(0.5\alpha)$$

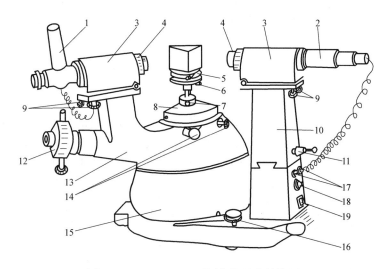

图 2-14 MOLLER Ⅲ 型测角仪基本结构图

1—自准直望远镜 2—平行光管 3—夹座（可调） 4—自准直望远镜和平行光管的滚轮和锁紧旋钮

5—测角台 6—测角台调整螺钉 7—测角台（高度调整）的夹紧螺钉

8—罩（可随同测角台一起转动，固定螺钉和微调螺钉不可见，在仪器后面） 9—夹座调节螺钉（倾斜）

10—立柱（可移开） 11—固定立柱制动手柄 12—显微镜 13—转臂 14—转臂固定螺钉和微调螺钉

15—碗罩 16—碗罩紧固螺钉 17—保险丝 18—开关按钮 19—电源接头

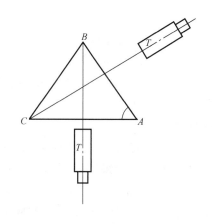

图 2-15 测角仪测量原理

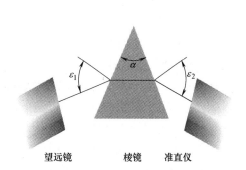

图 2-16 棱镜折射率测量的原理

式中 δ_{min}——最小偏向角；

α——棱镜角度。

3. 误差的影响因素分析

（1）测量条件对误差的影响 MOLLER Ⅲ 型测角仪可以测量空气中透明媒介的相对折射率 n。除波长外，主要影响测量条件的因素来自棱镜温度、气温、气压和空气湿度。

（2）度盘相对转轴的偏心对角度误差的影响 如图 2-17 所示，M 为度盘的中心，M' 为转轴的中心，A 为扫描装置的位置，R 为度盘的半径，e 为偏心距，ϕ 为实际角度，ϕ' 为读出的角度，$\Delta\phi$ 为角度误差。对于单偏向角测量角度误差 $\Delta\phi = 2e/R$，对于双偏向角测量角度误差

$$\Delta\phi = 2(e/R)$$

六、测量步骤与要求

（一）仪器的基本调整

1. 调整测角仪

在装配仪器后，首先要对仪器进行调整。将自准直望远镜对准测角仪的旋转中心。

转动夹座上的自准直望远镜，使自准直望远镜对准置于测角台上的棱镜平面，调节测角台调整螺钉，使自准十字线的水平线处于目镜十字线的水平双线中（见图2-18）。

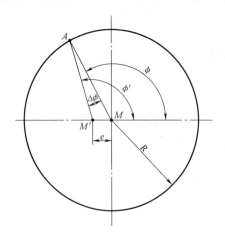

图2-17　度盘相对转轴的
偏心对角度误差的影响

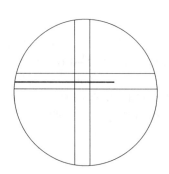

图2-18　水平线处于目镜
十字线的水平双线中

转动转壁观察自准直像，则自准直像对目镜双线的方位通常将会发生变化（见图2-19），适当地转动夹座上的自准直望远镜，该误差可得到迅速校正。

2. 调节自准直望远镜的视准轴线对仪器主轴的垂直性

调垂直性最好、最快的方法是借助平行玻璃板。首先调整测角台上的玻璃板，使一个平面的自准直像处于目镜十字线的双线中。然后转动装有自准直望远镜的转壁180°，直到另一面第二个自准直像出现为止，这时会发现两个十字线水平线的相互位置发生变化，调整时可以通过倾斜测角台，也可以利用两个夹座调节螺钉（见图2-14中的9），适当地倾斜自动视准夹座。如果仍然有较小误差，可以反复调整，直到对玻璃板任意一面自准时，自准像的水平线与分划板水平双线都保持对准为止（见图2-20）。

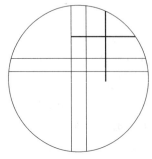

图2-19　双线方位发生变化

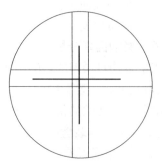

图2-20　双线完全对准

图 2-21 为各种情况下的图像。图 2-21a 所示为在 X 方向上的偏差，图 2-21b 所示为在 X 及 Y 方向上的偏差，图 2-21c 所示为正确的调整，图 2-21d 所示为不正确的图像，图 2-21e 所示为正确的图像。

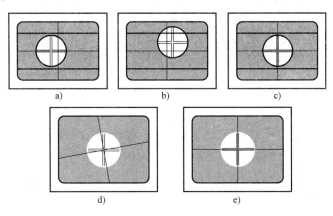

图 2-21　各种情况下的图像

（二）测量步骤

1. 棱镜角度的测量

1）将被测棱镜置于测角台中心（见图 2-14），调节棱镜主截面与自准直望远镜视准轴平行。先用自准望远镜对棱镜构成被测角的其中一个面自准，自准望远镜不允许作俯仰调节，仅调节测角台调整螺钉 6，使自准像的水平线在分划板水平双线之中，转动自准直望远镜，使其对棱镜被测角的另一面自准，调测角台调整螺钉 6，使自准像水平线在分划板水平双线之中。再对棱镜第一面自准，进行同样调节。如果两平面自准像的水平线都对准在分划板水平双线中，则已实现了棱镜主截面与自准直望远镜视准轴的平行。

2）转动自准直望远镜，找到棱境平面①（见图 2-22）自准像后，手动使自准像的竖线与分划板上的双数线大致对准，然后固定转臂，用微调螺钉精确对准，在显微镜中读出度盘读数 a_1。

3）转动自准直望远镜，对棱镜平面②自准，读出 b_1。

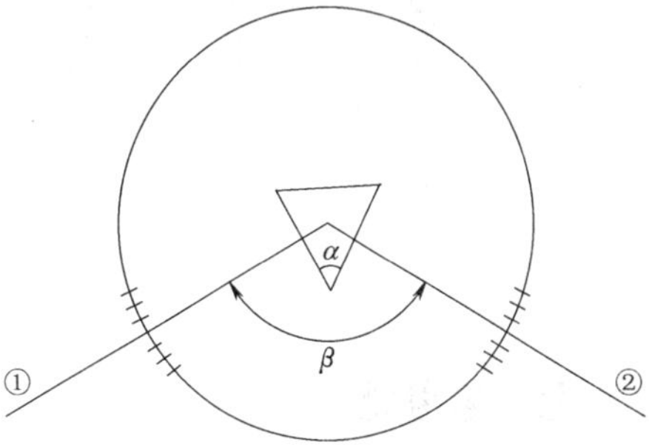

4）为了提高棱镜的测量精度，用度盘不同部位重复测量三次，得到 a_2、a_3、b_2、b_3，取三组数

图 2-22　平面自准像

平均值 $\bar{a}$、$\bar{b}$。$\bar{a}$、$\bar{b}$ 两个读数的角度差 β 是棱镜两表面法线之间的夹角，而非表面夹角 α（见图 2-22）。表面夹角 $\alpha = 180° - \beta$。

2. 棱镜的折射率

根据实验测得的棱镜角度 α，利用公式 $n = \sin\left[0.5\left(\delta_{min} + \alpha\right)\right] / \sin\left(0.5\alpha\right)$ 即可计算出该棱镜的折射率。

3. 目镜测微器的读数

MOLLER Ⅲ 型测角仪的 360°分度盘的分度值为 0.1°。显微镜内的内读测微器把间隔分划为 0.01°和 0.001°，即可读到 0.01°和 0.001°的分度值。这样使得读数极为容易，特别是差值的形成十分简单。

显微镜内的测微器是按照如下方式来工作的：双刻线从右至左进入分度盘的分度刻线，测微器的分度尺处于右边视场，从上到下移动，即从小值到大值（图 2-23）。分度盘的分度刻线直接表示分度盘的值，即全角度和第一个读数（0.1°）。在右边视场的测微器分度尺上，可读取第二个（0.01°）和第三个数（0.001°），半个小间隔，即 0.0005°仍可非常精确地估读。

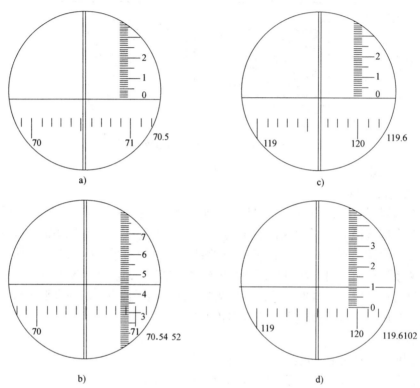

图 2-23　读数方法

七、思考题

1. 简述自准直原理。
2. 论述 MOLLER 测角仪的优势。

第三部分　形状和位置测量

形状和位置误差是指在加工过程中几何要素的形状和位置产生的误差，简称几何误差。几何误差对设备的工作精度、连接强度、密封性、运动平稳性、耐磨性、噪声以及寿命等都有很大影响。因此几何误差是评定产品和零件质量的一个很重要的项目。形状误差是指被测实际要素对理想要素的变动量，包括：直线度、平面度、圆度、圆柱度、线轮廓度以及面轮廓度共六个。形状误差的大小是用最小包容区域法（简称最小区域）的宽度或直径来评定的。位置误差分为定向、定位和跳动三类误差。定向误差包括：平行度、垂直度和倾斜度。定位误差包括：同轴度、对称度和位置度。跳动误差包括：圆跳动（又分径向圆跳动、端面圆跳动及斜向圆跳动）及全跳动（又分径向全跳动与端面全跳动）。本部分根据大纲要求以及几何误差的测量特点，包括以下六个实验：

实验1　平直度测量仪测量导轨直线度。

实验2　圆度与圆柱度测量。

实验3　平板的平面度测量。

实验4　平行度测量。

实验5　位置度测量。

实验6*　圆度误差分析。

通过这六个实验，使读者了解几种仪器的使用方法以及相关几何误差的评定方法，同时，将所涉及的有关基本知识、仪器工作原理以及误差分析等知识进行详细讲解，以供大家学习参考。

实验1　平直度测量仪测量导轨直线度

一、实验目的

1. 了解平直度测量仪的基本原理并学会其使用方法。

2. 掌握直线度测量方法及直线度的评定方法。

3. 了解自准原理及跨距法测量原理。

二、实验设备

平直度测量仪、桥板、被测导轨。

三、仪器说明

平直度测量仪（又称自准直仪）是测量小角度变化量的精密光学仪器。适应于测量精密机床导轨的直线度误差及小角度范围内的精密角度测量。自准直仪的工作原理是：物镜焦平面上的光源由于物镜的成像作用而形成平行光束，此光束经反射面反射回来重新进入物镜后，在光源所在平面上产生实像。HYQ03 型自准直仪是一种高精度的测量仪器，利用自准直原理，可将其前面的反射镜调至与平直度测量仪光轴垂直。如不垂直，通过目镜可以从分划板上读出反射镜面相对于光轴的倾角，其原理如图 3-1 所示。

光源 8 发出的光将位于物镜焦平面上的十字分划板 6 的十字像照亮，并经立方棱镜 9、平面反光镜 11、10 及物镜 12 后形成平行光束，投射到反射镜 13 上。若反射镜 13 与光轴垂直，则光线经反射镜 13 反射，仍由原光路经物镜 12、平面反光镜 10、11 至立方棱镜 9。在立方棱镜 9 的对角面上镀有半反半透的折光膜，反射回来的光线则由此面向上反射，成像在可动分划板 2 上，此分划板也位于物镜焦平面上。在目镜视场中十字像对称套住可动分划板上的指示线（见图 3-2），此时在测微鼓轮 1 上便可获得一个角度值。当反射镜 13 因为导轨凹凸不平倾斜一微小角度时，则经其反射后的光线在活动分划板 2 上所成的十字像也随之产生相应的位移。旋转测微鼓轮 1 再次进行瞄准，即可在鼓轮上读得另一角度值，两次读数之差便是反射镜 13 偏转的角度。

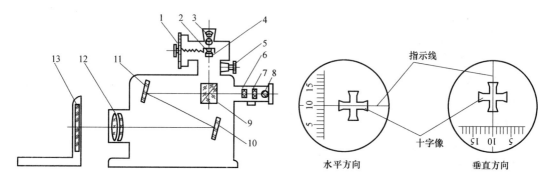

图 3-1　自准直仪原理图　　　　　　　　图 3-2　目镜视场情况

1—测微鼓轮　2—可动分划板　3—目镜

4—固定分划板　5—目镜头转向 90°定位螺钉

6—十字分划板　7—滤光片　8—光源　9—立方棱镜

10、11—平面反光镜　12—物镜　13—反射镜

测量时，将反射镜沿导轨被测面移动，测出被测直线各相邻两点连线相对主光轴的倾斜角，通过计算实现导轨直线度误差的测量要求。这种方法称为跨距法，如图 3-3 所示。在使用平直度测量仪测量直线度误差时，其反射镜 13（图 3-1）需放置在一个桥板 3（图 3-3）上。桥板的作用为：

1）保证被测表面与桥板两个支承具有平稳和良好的接触。

2）可以得到很好的分段数。

3）使反射镜底面不与被测表面产生相对滑动等。

确定桥板 3 的工作跨距 l，一般根据被测导轨长度而定，选取范围为 100 ~ 250mm。如果桥板太短，会导致测量次数过多，增加计算难度。若桥板太长则不能反映局部误差（本实验中桥板跨距 $l = 100mm$）。

四、实验步骤及要求

1）在被测导轨上选定若干距离相等的测量点（0、1、2、…、n），本实验被测导轨长

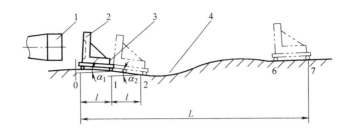

图 3-3　跨距法

1—平直度测量仪　2—反射镜　3—桥板　4—被测导轨

约 700mm，取 $n = 7$，各相邻测量点间的距离由桥板跨距决定。

2）将放置反射镜的桥板移至 0 – 1 处（起始测量段）。接通平直度测量仪电源。

3）调整反射镜使从平直度测量仪目镜视场中部能清晰看到从反射镜反射回来的十字线像。（如果导轨很长时，应按导轨两端调整平直度测量仪和导轨的相对位置，以防反射镜返回的像偏出视场）。

4）调整目镜视度环，使十字成像清晰为止。

5）转动平直度测量仪读数目镜测微鼓轮，使目镜视场中十字像对称套住可动分划板上的指示线（见图 3-2），并记下起始测段的读数值 α_1，然后依次将桥板移至 1 – 2、2 – 3、…、6 – 7 等位置，并分别记下测微鼓轮的读数值 α_2、α_3…。

6）两端点法评定。将上述读数值填入实验报告表格按两点连线计算的要求进行数据处理。得到两端点连线法评定的直线度误差。

7）最小区域法评定。以导轨的测点为横坐标，各测点累积值为纵坐标画出导轨直线度曲线。并在此坐标上按最小区域法评定出导轨直线度误差。

8）按被测导轨的直线度公差要求，做出合格性结论，（本实验被测导轨的直线度公差为 8μm）。

导轨在水平方向上的直线度测量与在垂直方向上的直线度测量方法步骤相同，区别是平直度测量仪主体读数目镜需旋转 90°，方可将垂直方向的测量变为水平方向的测量。图 3-2 所示为垂直方向与水平方向测量时目镜视场情况。

本实验要求用两种方法对导轨直线度进行评定。①用两端点法。即将各点相对于前一点的读数进行测量并整理后列表，求出各点相对于 0 点（起始点）的高度差（即相对于 0 点的累积值），并根据公式求出各测点的偏差值 h_i，各测点偏差值中最大数与测点偏差值中最小数的差值即为按两端点法评定的直线度误差值。②用图解法按最小区域法评定直线度误差。评定直线度时，可按相间准则来判别最小区域，即当两条平行直线包容被测实际直线时，形成“高—低—高”或“低—高—低”相间的三点接触，则此两平行直线就构成最小包容区域，那么两平行直线间的距离即为直线度误差值。计算公式参见附录实验报告。

五、思考题

1. 测量导轨直线度时，当用两端点法和最小区域评定所得结果不一致而产生争议时，应以哪种评定方法的结果为准？

2. 请解释测量导轨直线度误差的最小区域法如何使用。

实验 2　圆度与圆柱度测量

在机械零件的生产和加工过程中，必然会产生各种形状和位置误差。也就是说零件的实际形状和位置相对于设计所要求的理想形状和位置会产生偏离。其偏离量即误差值的大小。形状和位置误差不但决定了工件的几何精度，而且影响着产品的性能、噪声和寿命，也最终决定着产品质量的优劣。而圆度和圆柱度是形状误差检测的基本要素，作为评价圆柱体零件的一个重要指标，在机械产品制造，航空航天和自动化检测领域中起着非常重要的作用。

圆度是指回转表面的横向截面轮廓（圆要素）的形状精度，圆柱度则是专指圆柱面整个轮廓（圆柱面要素）的形状精度。测量圆度和圆柱度，就是确定实际圆要素和实际圆柱面要素的圆度误差和圆柱度误差，从而获得它们的形状精度状况。圆度误差是指包容同一横剖面实际轮廓且半径差为最小的两同心圆间的距离。圆柱度误差是指包容实际表面且半径为最小的两个同轴圆柱面的半径差值。

测量圆度及圆柱度误差的方法有很多，本实验使用常用的圆度测量仪及三点法进行测量，并介绍仪器的使用方法和测量原理。

（一）用三点法测量圆度与圆柱度误差

一、实验目的

1. 掌握三点法测量圆度及圆柱度的原理。
2. 加深对圆度、圆柱度误差和公差概念的理解。
3. 了解测量工具结构并熟悉它的使用方法。

二、实验设备

指示表（示值范围：0～3mm；分度值 0.01mm）、平板、V 形架。

三、仪器说明

百分表和千分表统称指示表，均用于校正零件或夹具的安装位置，检验零件形状误差或相互位置误差。它们的结构原理基本相同，千分表的读数精度为 0.001mm，而百分表的读数精度为 0.01mm。日常测量及生产过程中常用的是百分表，因此，本实验选择使用百分表。

1. 结构与原理

百分表的外形如图 3-4 所示，主要由壳体 1、提升测量杆用的圆头 2、表盘 3、表圈 4、指示盘 5、指针 6、套筒 7、测量杆 8 和测量头 9 组成。表盘 3 上刻有 100 个等分格，其分度值（即读数值）为 0.01mm。当指针 6 转一圈时，指示盘 5 的小指针转动一小格，指示盘 5 的分度值为 1mm。用手转动表圈 4 时，表盘 3 也跟着转动，可使指针对准任一刻线。套筒 7 可用作百分表支撑，测量时测量杆 8 可沿套筒 7 上下滑动。

图 3-5 所示为百分表内部结构的示意图。带有齿条的测量杆 1 的直线移动通过齿轮传动（z_1、z_2、z_3），转变为指针 2 的回转运动。齿轮 z_4 和弹簧 3 使齿轮传动的间隙始终在一个方

向，起着稳定指针位置的作用。弹簧4用来调节百分表的测量压力。百分表内的齿轮传动机构使测量杆移动和指针的旋转运动成线性比例。

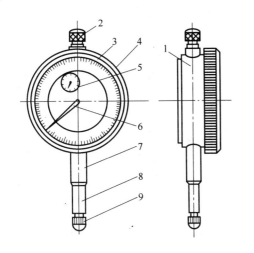

图 3-4　百分表外形

1—壳体　2—圆头　3—表盘　4—表圈　5—指示盘
6—指针　7—套筒　8—测量杆　9—测量头

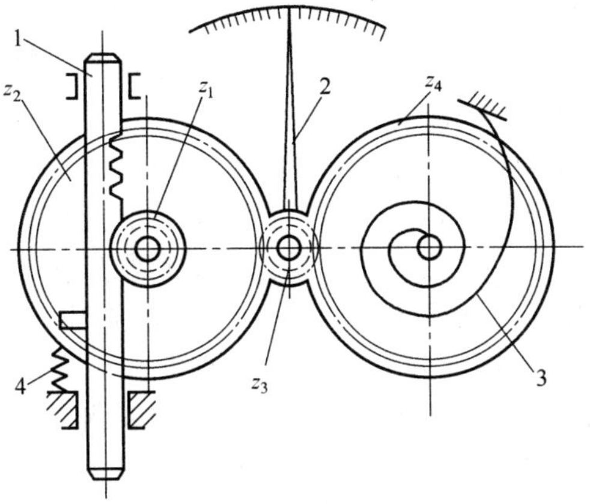

图 3-5　百分表的内部结构

1—测量杆　2—指针　3、4—弹簧

目前，国产百分表的测量范围一般有 0～3mm、0～5mm、0～10mm 三种。

2. 使用方法

百分表适用于公差等级为 IT6～IT8 级的零件的校正和检验，千分表则适用于公差等级为 IT5～IT7 级的零件的校正和检验。百分表和千分表按其制造精度，可分为 0、1 和 2 级三种，0 级精度最高。使用时应按照零件的形状和精度要求，选用合适的百分表或千分表的公差等级和测量范围。

使用百分表和千分表时，必须注意以下几点：

1）使用前，应检查测量杆活动的灵活性。即轻轻推动测量杆时，测量杆在套筒内的移动要灵活，没有任何阻碍现象，且每次放松后，指针能回复到原来的刻度位置。

2）使用百分表或千分表时，必须把它固定在可靠的夹持架上（如固定在万能表架或磁性表座上，见图 3-6），夹持架要安放平稳，避免使测量结果不准确或摔坏百分表。

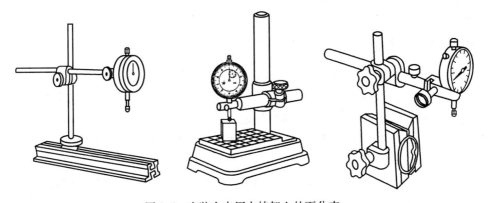

图 3-6　安装在专用夹持架上的百分表

用夹持百分表的套筒来固定百分表时，夹紧力不要过大，以免因套筒变形而使测量杆活动不灵活。

3）用百分表或千分表测量零件时，测量杆必须垂直于被测量表面，如图 3-7 所示。使测量杆的轴线与被测量尺寸的方向一致，否则将使测量杆活动不灵活或使测量结果不准确。

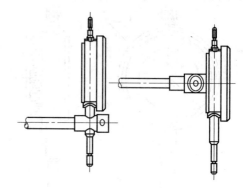

4）测量时，不要使测量杆的行程超过它的测量范围，不要使测量头突然撞在零件上，不要使百分表和千分表受到剧烈的振动和撞击，亦不要把零件强迫推入测量头下，免得损坏百分表和千分表的机件而失去精度。因此，不能用百分表或千分表测量表面粗糙或有显著凹凸不平的零件。

图 3-7　百分表安装方法

5）用百分表校正或测量零件时，应当使测量杆有一定的初始测力，如图 3-8 所示。即在测量头与零件表面接触时，测量杆应有 0.3 ~ 1mm 的压缩量（千分表可小一点，有 0.1mm 即可），使指针转过半圈左右，然后转动表圈，使表盘的零位刻线对准指针。轻轻地拉动手提测量杆的圆头，拉起和放松几次，检查指针所指的零位有无改变。当指针的零位稳定后，再开始测量或校正零件的工作。

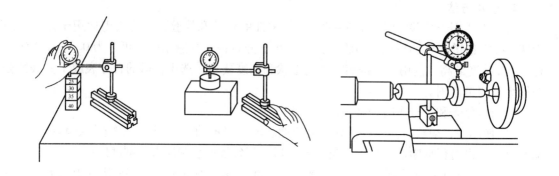

图 3-8　百分表尺寸校正与检验方法

四、原理知识

三点法也称 V 形体法，即将工件安放在 V 形体上的一种测量方法。测量时，将被测工件放在 V 形架上，使其轴线垂直于测量截面，同时固定轴向位置，指针接触轮廓圆的上表面，将被测工件回转一周，取百分表读数的最大差值的一半，作为该截面的圆度误差。测量若干截面，取其中最大的圆度误差作为该零件的圆度误差。取所有读数中最大与最小值的差值的一半作为零件的圆柱度误差。三点法适宜测量具有奇数棱圆的圆度和圆柱度误差。

三点测量方法按支承的结构形式，分为顶点式对称安装、顶点式非对称安装和鞍式对称安装三种，如图 3-9 所示。

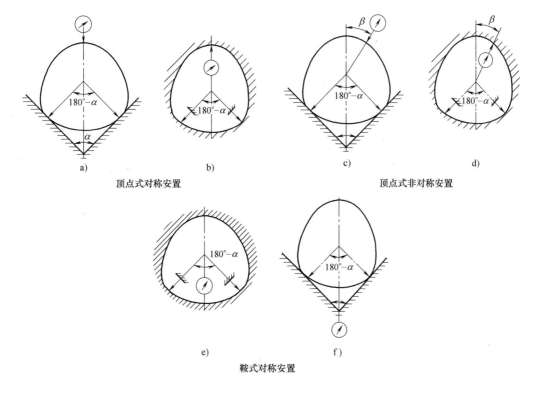

a)　　　　　　　　b)　　　　　　　　c)　　　　　　　　d)

顶点式对称安置　　　　　　　　　　顶点式非对称安置

e)　　　　　　　　f)

鞍式对称安置

图3-9　三点测量法结构形式

五、测量步骤及要求

1. 将被测轴放置在90°的 V 形架上，平稳移动百分表座，使测头接触被测轴，并垂直于被测轴的轴线（见图3-10），使指针处于刻度盘的示值范围内。

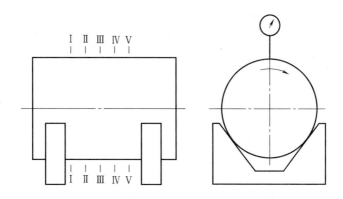

图3-10　三点法测量圆度、圆柱度误差

转动被测轴一周，记下百分表读数的最大值与最小值，取最大值与最小值之差的一半作为该截面的圆度误差。同样方法，测量五个不同截面的圆度误差。取五个截面的圆度误差中最大值作为被测轴的圆度误差。

取测得的所有读数中的最大值与最小值之差的一半作为该截面的圆柱度误差。

2. 将被测轴放置在 120° 的 V 形架上，按上述方法再测一次，求出圆度和圆柱度误差。

3. 取以上两次测量中的误差最大值作为被测量轴的圆度和圆柱度误差。

4. 将所得圆度误差、圆柱度误差与被测轴的圆度公差和圆柱度公差进行比较，判断零件是否合格。

六、思考题

1. 百分表和千分表有什么相同的地方？又有什么区别？
2. 圆柱度误差测量的原理是什么？

（二）圆度测量仪测量圆度误差

一、实验目的

1. 了解圆度测量仪结构原理及使用方法。
2. 掌握评定圆度误差的几种方法。
3. 学习分析测量结果。

二、实验设备

HYQ035 型圆度测量仪，测量件，标准模板。

三、原理知识

常用圆度误差的评定方法有以下四种：最小区域法（MZC）、最小二乘圆法（LSC）、最小外接圆法（MCC）和最大内切圆法（MIC）。

1. 最小区域法

根据圆度误差判别准则，由两同心圆包容被测实际轮廓时，至少有四个实测点内外相间的在两个圆周上。即最小包容圆上的两接触点的连线与最大包容圆上两接触点的连线相交叉，此时两同心包容圆的半径差即为最小区域法的圆度误差，这是按最小条件原则评定的方法。最小区域圆的中心是包容同一轮廓且半径差为最小的两个同心圆的圆心，如图 3-11a 所示。

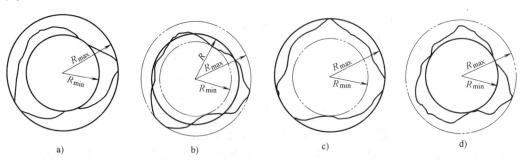

图 3-11　圆度误差评定

a）最小区域法　b）最小二乘圆法　c）最小外接圆法　d）最大内切圆法

2. 最小二乘圆法

所谓最小二乘圆法是指实际轮廓上各点到该圆的距离的平方和为最小。用最小二乘圆法评定圆度误差较精确，适用于零件的内外圆表面，其所测量的截面实际轮廓在 360° 范围内是连续的，如图 3-11b 所示。

3. 最小外接圆法

所谓最小外接圆是指外接于测量轮廓且半径为最小的圆。用最小外接圆法评定圆度误差，仅适用于零件的外圆表面，如图 3-11c 所示。

4. 最大内切圆法

所谓最大内切圆是指内接于测量轮廓且半径为最大的圆。用最大内切圆法评定圆度误差，仅适用于零件的内圆表面，如图 3-11d 所示。

四、仪器说明

圆度测量基本上可分为半径法和三点法两种。根据圆度误差定义，采用半径法测量是最为合理的。半径法测量方法又可分为顶尖法和回转轴法（圆度测量仪法）。顶尖法是当工件有顶尖孔时，将工件顶在顶尖间旋转一周时，测微仪所指示的最大与最小值之差即为圆度误差值。由于实际有偏心存在，因此这种测量方法测量误差较大。回转轴法是指用一标准主轴旋转一周所形成的标准圆与被测工件的实际圆相比较，其半径差值即为圆度误差值，本实验即为回转轴法测量圆度误差，这也是近年来使用较多的一种测量方法。

1. 仪器说明

圆度测量仪是工程中测量零件（轴、孔或类似零件）的圆度、圆柱度、同轴度或直线度误差的仪器。也是精密测量中最具代表性的仪器之一。我国目前使用的圆度测量仪，大部分都是传统的机电或光电结合式的仪器，仪器机械部分的精度很高。近年来，国内外新型的圆度测量仪都已经配备了计算机及其配套的测试分析系统。本实验所使用的 HYQ035 型圆度测量仪，如图 3-12 所示。仪器为传感器回转型圆度测量仪，主要用于测量内、外表面的圆度，也可以测量同截面或平行截面上各内外圆的同轴度、端面或凸肩面的垂直度、平面度以及各端面或凸肩面间的平行度。

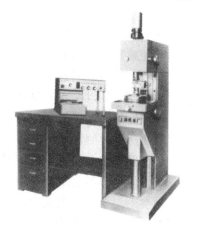

1）仪器技术性能参数。

最大测量直径：350mm

最大测量高度：400mm

测量系统分辨率：0.01μm

圆度测量示值误差：5%

圆柱度测量示值误差：6%

仪器径向误差：$0.05 + 0.0003 \mu m$

仪器轴向误差：0.05

图 3-12　HYQ035 型圆度测量仪

传感器沿 Z 轴导轨移动时的直线度：0.2μm/100mm

2）结构。本仪器主要由床身（见图 3-13）1，头架 2，工作台 3 组成。

床身置于四个橡胶减振器上，通过调节床身的螺栓及减振器可以调节仪器的水平。

头架置于床身上，用来安装测量主轴 4。5 为主轴横向位移微调手轮，其对面有一小手轮（见图 3-14 中 1）为主轴纵向位移微调手轮，两手轮用于主轴和被测件的精确对准。6 为主轴旋钮开关手柄，面对仪器向前推为开，反之为停。

工作台如图 3-14 所示，其上带有 T 形槽的工作台面，可安装工件和附件，工作台面中间位置的 $\phi25$ 孔可供定心台、磁性夹具等定位。

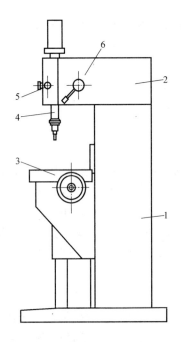

图 3-13　仪器结构（一）

1—床身　2—头架　3—工作台　4—主轴
5—主轴横向位移微调手轮　6—主轴旋钮开关手柄

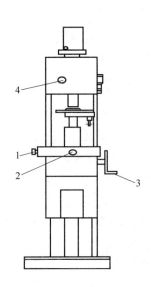

图 3-14　仪器结构（二）

1—工作台面横向位移手轮　2—工作台面纵向位移手轮
3—工作台升降手轮　4—主轴纵向位移微调手轮

主轴轴系采用双球面液体动压轴承，具有很高的回转精度，装在主轴顶部的同步电动机经过齿轮减速后驱动主轴回转，主轴只允许逆时针（俯视）转动，转速为 3r/min。主轴需按要求定期注入润滑油以保证主轴轴系正常工作。

传感器测力在 0.02 ~ 0.25N 之间。传感器采用电感线圈通过测量电桥把机械位移量转变为电量。传感器安装在主轴下端（见图 3-15），旋转旋钮 1 可使传感器主体 2 沿导板 3 滑动，用于实现传感器上测头的径向调整。调好后可用旋钮 4 锁紧。测力旋钮 5 用来改变测力的方向和大小，当它指向外时，可测量外表面；指向内时，用来测量内表面，旋转偏离中心越远，测力越大。测杆 6 装在传感器插座 7 的 V 形槽内，由弹簧片 8 压牢，限位螺钉 9 可限制测杆转动和轴向移动。

仪器备有长、中、短三种测杆，以满足不同

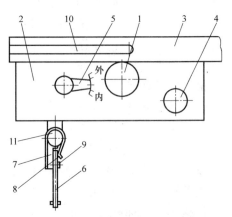

图 3-15　仪器结构（三）

1、4、5—旋钮　2—传感器主体
3—导板　6—测杆　7—插座　8—弹簧片
9—限位螺钉　10—滑轨　11—锁紧旋钮

的测量要求。

3）电子装置（见图3-16）。为分析工件表面状态，可采用不同滤波载止频率来记录工件的表面图形。仪器在圆周方向有五档供选择使用：1~500，1~150，1~50，1~15，15~500。

4）圆度记录器（见图3-17）。

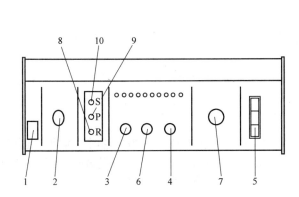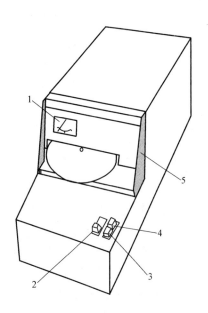

图 3-16　HDQ02-01 电子装置　　　　　　　　　图 3-17　圆度记录器
1—电源开关　2—滤波选择开关　3—倍率选择开关　4—测杆长度选择开关　　　1—对中心表　2—压纸机构
5—轮廓选择开关　6—倍率补偿开关　7—调零旋钮　8—阻抗调节平衡指示　　　3—调零按钮　4—记录按钮　5—翻架
9—相位衡指示　10—灵敏度合格指示

仪器配有对心表作为调整用的指示器，它的摆动状况与记录笔的摆动状态相似，对中心表上的刻度范围与记录器范围相对应。

记录器的翻架能够放下以更换记录笔，翻架放下后微动开关断开，可以确保记录笔上无高压，此时可以放入或取下记录纸。

压纸手柄向右时，压纸机构压紧记录纸，使记录纸与主轴同步旋转。如果手柄向前时，通过微动开关作用，使记录笔单边偏移，无高压。

当按下调零按钮时，记录表头线圈与输入的信号接通，记录表开始摆动，但不在图纸上描迹，这可检查和调节记录笔记录轮廓图形的位置。

当按下记录按钮时，信号输入表头线圈，在传感器测头转到仪器的右侧时，通过信号开关使记录笔上高压接通，记录下被测件轮廓图形，记录一圈后断开。

2. 仪器测量原理

本仪器主轴采用高精度的动压轴承，由同步电动机通过齿轮箱减速驱动，这样就使安装在主轴下端的传感器测头形成接近真圆的轨迹。当工件轴线和主轴轴线精确对准后，工件表面的圆度缺陷和由测头形成的真圆轨迹之间产生变动量，再通过传感器转化为电信号，该信号通过电子放大装置按选定的比例放大和滤波后输入到极坐标记录器，将其轮廓图形记录下来，这个轮廓图形即为高放大倍率的圆度误差值。可采用刻有同心圆的半透明样板或采用作图法评定出圆度误差。

圆度仪的放大倍率是指零件轮廓径向误差的放大比率，即记录笔位移量。

五、实验步骤及要求

1. 开启电子装置的电源开关，并预热半小时，再开启头架上电源开关。

2. 将电子装置的轮廓选择开关的中间按键按下。

3. 选择测量所需滤波档，转动电子装置上的滤波选择开关到相应位置上。

4. 选择测量所需的测杆长度，将其插入传感器插座中，并把测杆长度选择开关转动到相应位置。仪器有三种标准长度的测杆：短、中、长，根据被测件来进行选择。测杆选择太长会影响传感器精度，并在测量时引起振动。

5. 将工作台、被测量件及 V 形架擦干净，将工件放到工作台上，以主轴为参考尽可能放到与主轴同轴的位置。

6. 目测找正中心：用升降手轮把传感器测头放到被测件的被测表面上，然后逆时针转动传感器调同心，通过传感器的手轮逐步接近工件并保持一定间隙。

7. 将倍率选择开关转动到最低倍。

8. 精确找正中心：调节传感器手轮，使测头与被测表面接触，用手逆时针旋转传感器，调整工作台横向及纵向移动，使指示表指针在中间位置摆动幅度最小。逐步提高放大倍数并调整手轮，使被测件中心与回转轴线一致。在放大倍率较高时，可用机动来代替手动旋转传感器。

9. 放入记录纸：将圆图记录器压纸手柄推向前，把记录纸装入，再把手柄扳回原位。装记录纸时注意工件与圆记录纸方位相对应。

10. 当主轴转动三圈后，即可按下圆图记录器上的记录按钮，记录器即进入待机状态，当主轴上端发信开关动作后，记录器开始记录，一转后，记录停止，测量结束。按记录按钮时注意避开发信开关动作位置。

11. 将一组透明的等距（如 2mm）的同心圆透明样板（见图 3-18）复合在纪录纸上。

12. 用最小区域圆法读圆度值。在被测轮廓内每点都可做两个同心圆，其中一个外接圆，另一个内切圆以包含实际轮廓，并且以半径差最小的两个同心圆的圆心为理想圆心，但至少应有四个实测点内外相间在内、外两个圆周上，如图 3-19 所示（a，c 与 b、d 分别与外圆和内圆交替接触），两包容圆半径差 Δr 即为圆度误差值。

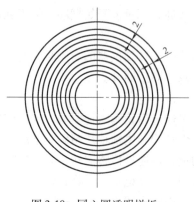

图 3-18　同心圆透明样板

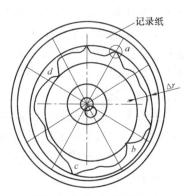

图 3-19　最小区域圆法

六、思考题

1. 圆度误差的评定方法有哪几种？
2. 怎样用三点法检测圆度误差？
3. 何为圆度误差最小区域法？

实验 3　平板的平面度测量

平面度是指被测实际表面对其理想平面的变动量。平面度是将被测实际表面与理想平面进行比较，两者之间的偏差即为平面度误差值，或通过测量实际表面上若干点的相对高度差，再换算为平面度误差值。平面度的检测方法一般包括平晶法和水平面法。对于小的精密平面，如量块工作表面、平面测头的测量表面等，可借助光学平晶用光波干涉原理进行测量。它是以平晶作为测量基准，根据干涉带的排列形状和弯曲程度来计算平面度误差的。稍大些的平面，比如仪器工作台等可用指示表进行测量，即用指示表依次测得被测要素上各点对基准的距离，因这些数据的基准是统一的，所以可以直接按此作出误差图形，从而评定其误差值，不需要再做任何计算。再大的平面，比如平板、机床工作台面等常用水平仪或自准直仪测量。此方法是将反射镜放置于被测平面的桥板上，按一定的布点和方向测出相邻

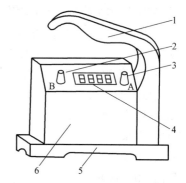

图 3-20　数字显示式电子水平仪示意图
1—手柄　2—调零旋钮　3—量程旋钮
4—显示器　5—底座　6—传感器

两点的高度差。因在不同的位置上，得到的数据是不同的，所以在评定平面度时，必须将所有测量结果统一至同一基准，再取定起始点的坐标，将各点读数顺序累加，使各测点的读数换算成统一坐标（通过起始点且与水平面平行的平面）的坐标值。然后经过数据处理，就可得出平面度。本实验采用数显式电子水平仪（见图 3-20）对 200×300（mm×mm）平板进行检测。

一、实验目的

1. 掌握平面度测量方法。
2. 进一步熟悉和了解平面度概念。
3. 学习分析测量结果。

二、实验设备

数显式电子水平仪（或自准直仪）、平板、桥板。

三、仪器说明

1. 数显式电子水平仪

数显式电子水平仪具有测量精度高、速度快、读数快、读数直观、稳定性好、结构简单、体积小、携带方便等特点。

（1）数显式电子水平仪的信号传递，如图 3-21 所示。

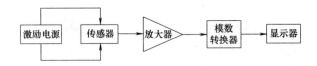

图 3-21　数显式电子水平仪的信号传递

1）激励电源是供给传感器工作用的交流信号。

2）传感器是电子水平仪的敏感件。

3）放大器是将传感器输出的信号进行放大，鉴相，整流。

4）模数转换器是将放大器输出的模拟量转换成数字量。

5）数字显示是将数字量用数字显示器显示出来。

（2）数显式电子水平仪的基本原理

数显式电子水平仪采用高灵敏度的三电极空心电容作为灵敏元件，由文氏桥振荡器和倒相器作为电容传感器的激励电源，由偏摆角度反映电子水平仪的倾斜角度大小的传感器输出信号，经放大器放大，再经鉴相处理和整流后，由数字式电压表显示出来。

（3）主要技术指标

1）显示范围

Ⅰ档　0～1999；

Ⅱ档　0～1999。

2）测量范围：±500。

3）分辨率：（Ⅱ／Ⅰ）0.001/0.01 mm/m。

4）示值误差：±（1＋A/50），A 为显示值的绝对值。

5）换档误差：（Ⅱ→Ⅰ档）±2（个数）。

6）零点漂移：在 24h 内，不超过 6（个数）。

7）横向倾斜度：±5°。

8）轮廓尺寸：150mm×50mm×180mm。

9）重量：1.2kg。

（4）使用方法

1）数显式电子水平仪使用前必须在规定的工作环境放置 3h（不必通电）以上，使用前通电 20～30min 后方能使用。

2）转换开关位置。转换开关位于水平仪右上角（如图 3-20），按顺时针方向旋转。"0"位是断开电源。"B"位是检验电池组电压大小的位置，当显示屏上显示值低于 800 时，应成对更换电池。"Ⅰ"位是Ⅰ档测量位置，其最小读数为 0.01mm/m。"Ⅱ"位是Ⅱ档测量位置，其最小读数为 0.001mm/m。

3）调零电位器。数显式电子水平仪的调零电位器供正、负方向调零使用，在Ⅱ档时调零范围是：±400（个数）。

4）数显式电子水平仪显示值的符号是代表水平仪左右倾斜的方向，规定当显示值为正（无符号显示）值时表示左侧高；当显示值为负（有符号"－"显示）值时表示右侧高（左右侧是指测量者面对水平仪正面时测量者的左右侧）。先将转换开关置于"Ⅰ"档位，调整被测平面，使水平仪的显示值小于 ±200 个数，并尽可能小；再将旋钮旋至"Ⅱ"档位，记下水平仪的显示值，然后把水平仪在原位调转 180°，再调整被测平面，使水平仪在上述两个位置时的显示值大小相等，符号相同，这时被测平台处于绝对水平位置。再调整水平仪的调零旋钮，使水平仪显示为零，此刻水平仪也处于绝对零位。绝对零位调好的水平仪可以用来测量被测面相对水平的倾斜角。

5）水平仪显示值的读法：显示屏左侧无符号时示值为正，左侧有"−"时示值为负，正号表示左侧高，负号表示右侧高。如显示器显示"1234"时表示，左侧高 1234X（灵敏度）μm。"−1234"表示右侧高 1234 X（灵敏度）μm。"1"或"−1"表示显示已超出限量，此种情况不要持续长时间测量。

2. 平板

平板是用于工件检测或划线的平面基准器具，已广泛用于精密制造和精密测量中。平板按准确度级别分为 00、0、1、2、3 级平板，其中 2 级以上为检验平板，3 级为划线平板。平板的检定项目共有五项：外观及表面质量、工作面与侧面的表面粗糙度、侧面夹角、刮制平板的接触点数、工作面的平面度。其中平板平面度是影响平板准确度的主要精度指标。按平板工作面平面度的公差允许值来确定平板准确度级别。平板平面度公差 T 计算式通常有两种，一种是以对角线为变量的函数式，另一种是以长边作为变量的函数式。平板检定规程采用了以对角线 d 为变量的函数式 $T = K\left(1 + \dfrac{d}{1000}\right)$，系数 K 对 00、0、1、2、3 级分别为 2、4、8、16、40。

四、测量原理

平面度误差是衡量平面形状误差的一项重要指标。用水平仪测量时，将水平仪放置在桥板上，桥板置于被测平面上，桥板两支承的距离应等于相邻两侧点间的距离。按一定的布点和方向测出相邻两点的高度差，然后经过数据处理，求出平面度误差值。本实验布点要求测点按网格法布置，如图 3-22 所示。

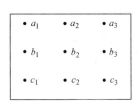 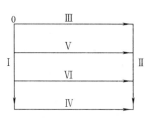

图 3-22 布点示意图

网格法布线的特点：

1）测点分布均匀，可采用统一跨距的桥板测量各截面测点。测量方便。

2）以自然水平面为统一基准，进行数据处理较为简便，且数据可自校。

3）通过严密平差处理，可以得到较为准确的原始数据。

4）可以测量较大平面的平面度。

5）该法适合于水平仪测量。

一般来说，平板测量线的布置不考虑桥板长度，只对其点数进行规定：

100mm×200mm ~ 400mm×400mm 以下：每边 3 个点，6 条直线，共 9 个点。

450mm×600mm ~ 1000mm×1500mm 以下：每边 5 个点，8 条直线，共 25 个点。

1500mm×2000mm ~ 3000mm×5000mm 以下：每边 7 个点，12 条直线，共 49 个点。

对平面度误差测量，基本上可分为三部分：①测量原始数据的获得。②平面度误差数值的评定。③测量方法误差的分析。

1. 测量原始数据的获得

平面度误差的原始数据是实际表面上的各点相对于某个特定几何平面的垂直距离。这个特定的几何平面应与被测表面平行。对于用水平仪测得的数据，是后一点对前一点的高度差，如图 3-23a 所示，是水平仪按箭头所指方向测出的后一点相对于前一点的高度差。在进行旋转变换之前，必须作预处理，将各点的相对高度差都转变成各点对起始点（左上角的 0）的高度差，如图 3-23b 所示。然后按最小包容区域法或对角线法求平面度误差。

2. 平面度误差数值的评定

平面度误差评定方法有下列 3 种：

（1）最小包容区域法　作符合最小条件的包容被测实际面的两平行平面，这两包容面之间的距离就是平面度误差。最小区域的判别准则是：两平行平面包容被测实际面时，与实际面至少应有三点或四点接触，接触点属于下列三种形式之一者，即属最小区域。

1）三角形准则：三个高极点与一个低极点（或相反），其中一个低极点（或高极点）位于三个高极点（或低极点）构成的三角形之内或位于三角形的一条边线上，如图 3-24a 所示。即两包容面之一通过实际面最高点（或最低点），另一包容面通过实际面上的三个等值最低点（或最高点），而最高点（或最低点）的投影落在三个最低点（或最高点）组成的三角形内（极限情况可位于三角形某一边线上）。

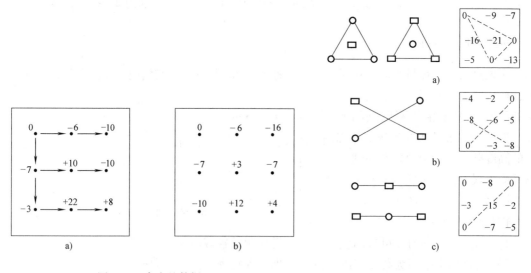

图 3-23　高度差数据　　　　　　　　图 3-24　三角形准则

2）交叉准则：成相互交叉形式的两个高极点与两个低极点，如图 3-24b 所示。即上包容面通过实际面上两等值最高点，下包容面通过实际面上两等值最低点，两最高点连线应与两最低点连线相交。

3）直线准则：成直线排列的两个高极点与一个低极点（或相反），如图 3-24c 所示。即两包容面之一通过实际面最高点（或最低点），另一包容面通过实际面上的两等值最低点（或两等值最高点），而最高点（或最低点）的投影位于两最低点（或两最高点）的连线上。

对以包容某一实际表面的两平行包容平面，可能按什么准则来实现其宽度最小，是不能主观决定的，而是由被测表面的实际形状决定的。

（2）最小二乘法　以最小二乘中心平面作为评定基面的方法求得的平面度误差。即被测平面相对于最小二乘圆中心平面的最大、最小偏离值大小。

（3）对角线平面法　以对角线平面作为评定基面求得的平面度误差。基准平面通过被测实际面的一条对角线，且平行于另一条对角线，实际面上距该基准平面的最高点与最低点之代数差为平面度误差。

（4）三远点平面法　以三远点平面作为评定基面求得的平面度误差。基准平面通过被测实际面上相距最远且不在一条直线上的三点（通常为三个角点），实际面上距此基准平面的最高点与最低点的代数差即为平面度误差。

由于三远点法有误差值不唯一的缺点，故一般采用对角线平面法。若有争议或误差值处于公差值边缘时，则采用最小区域法作仲裁。

根据测得的原始数据，按基面转换原理进行基面旋转，求得被测面的平面度误差值。

3. 测量方法误差的分析

测量方法误差的分析主要包括对原始数据的测量方法误差计算和平面度误差的测量方法误差计算。在实际测量中，常常不需要对每个具体的测量都进行误差计算，只需计算出最大误差即可，也就是说，只要选择最大误差的点来代替其他点进行计算就可以了。本实验对此没有要求。

五、实验步骤及要求

1. 将平板及桥板擦拭干净待用。
2. 将转换开关旋转到"Ⅰ"位，其最小读数为 0.01mm/m。
3. 根据平板尺寸选择测点，编排测点序号。此实验所用平板为 $200\text{mm} \times 300\text{mm}$，平板测点按网格法布置，如图 3-22 所示。用电子水平仪沿布线方向和顺序逐条线测量，每次移动水平仪后需稍等片刻，待数据稳定后再读取数据。
4. 获得数据后算出原始数据，按网格法将原始数据排列好，以待数据处理时使用。

六、思考题

1. 常用平面度误差测量的布点方法有哪些？
2. 平面度误差的评定方法有哪些？
3. 什么是平面度误差最小包容区域法？

实验4　平行度测量

平行度测量通常分为三种：1）平面与平面间的平行度误差测量。2）平面与直线（包括轴心线）间的平行度误差测量。3）直线与直线间的平行度误差测量。本实验内容为平面与平面和平面与直线间的平行度误差测量。

一、实验目的

1. 掌握使用百分表测量平行度的方法。
2. 了解模拟法的概念及实际意义。
3. 熟悉面对面、线对面、面对面平行度误差测量的方法。

4. 熟悉平行度误差的概念以及平行度误差的数据处理过程。

二、实验设备

指示表、平板、检验棒、夹具、被测件。

三、原理知识

1. 顶尖座平行度误差测量（线对面平行度误差测量）

包容被测实际要素（表面、直线或轴线）并平行于基准要素（平行面、直线或轴线），且距离为最小的两平行平面间的距离称为平行度误差。平面和轴心线间的平行度误差测量是最为典型的。即将被测工件的基准平面置于平台上，并配上心轴，这样就可以用测微仪或百分表在给定长度上的两点上测出其尺寸差，此差值即为它的平行度误差。对于较大的轴心线和平面间的平行度误差，可用杠杆千分尺或电杆测头直接在孔的母线上测量，所给定长度上的两点尺寸差，即为其平行度误差。仪器顶尖座的孔的轴心线对底面和定位侧面的平行度（见图 3-25），直接影响仪器的精度，所以对其平行度有严格的要求。

本实验采用模拟的方法对顶尖平行度误差测量（见图 3-25），即顶尖座放置在平板上，用实验平板作为基准平面——顶尖座的底面，被测孔的轴心线则用穿入孔内的精密心棒的母线来体现。然后用指示表测出相隔 L_2 距离的两点读数值 M_1 和 M_2。经换算即得顶尖轴心线的平行度误差

$$f = \frac{L_1}{L_2} |M_1 - M_2| \tag{3-1}$$

式中　　　L_1——顶尖孔长度；

　　　　　L_2——被测线长度；

　　M_1、M_2——两次读数值。

这种模拟的方法，有时虽不严格符合误差的定义，但在满足功能要求的前提下是允许采用的。这种方法因测量简便，是生产中常用的一种测量方法。

2. 零件两平面的平行度误差测量（面对面平行度误差测量）

将被测件直接放置在平板上（见图 3-26），在整个被测面上按规定测量线进行测量，取指示表最大读数差为平行度误差。

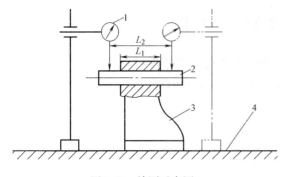

图 3-25　检测示意图

1—指示表　2—检验棒　3—顶尖座　4—检测平板

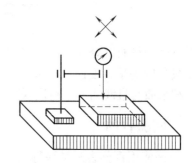

图 3-26　平面度测量示意图

$$f = |M_1 - M_2| \tag{3-2}$$

式中　M_1、M_2——最大读数值与最小读数值。

在被测平面上设计布点时，需要根据被测件的实际大小来确定。一般情况下，对于较大的被测件，可选择 30mm ~ 50mm 测一个值。对于较小的被测件可选择 20mm 测一个值来进行。

以上两个实验，操作简便，易于理解和掌握。

四、实验步骤及要求

1. 顶尖座平行度误差测量

1）擦净平板、顶尖座、检验棒、被测件及夹具。

2）将顶尖座底面置于平板上，调整指示表表架至适当位置，在检验棒上相隔 L_2 距离处测量并记下两个位置的读数。

3）把顶尖座装在夹具上，使顶尖座的定位侧面与平板紧紧贴合，调整指示表表架，在检验棒上相隔 L_2 距离处，测量并记下两个不同位置的读数。

4）处理测量结果：得出顶尖座轴心线对底面和定位侧面的平行度误差，并按平行度公差的要求作出测量结论。

2. 零件平行度误差测量

1）擦净被测零件、支撑平板。

2）固定好指示表。

3）将被测平板放置在支撑平板上，调整指示表表架至适当位置，移动被测件，按照最大范围进行布线测量，并记下不同位置最大及最小读数。

4）处理测量结果。最大及最小读数差即为平板平行度误差。根据平行度公差的要求作出测量结论。

五、思考题

在顶尖座平行度误差测量中，被测孔的轴心线用检验棒的母线来体现，这种测得的误差能否包含被测孔的轴心线的形状误差？为什么？

实验5　位置度测量

位置度是指被测实际要素相对于其理想位置的理想要素的变动量。其公差带的形状是以理论位置为对称中心的对称区域。位置度包括点的位置度，线的位置度和面的位置度。其中点的位置度的公差带在平面内是圆，在公差值的前面加 ϕ，而在空间是球，在公差值的前面加 $s\phi$，中心点的位置由理论正确尺寸决定。线的位置度的公差带，如果在公差值的前面加 ϕ，说明公差带的形状是一圆柱体，轴线的位置由理论正确尺寸决定。

在实际生产中，产品批量比较大时，通常使用位置度综合量规来检测。在教学、测量通用仪器或者单件生产中，通常采用的测量方法为坐标法，测量原理是通过测出实际中心要素的坐标值 (x, y) 与理想中心要素的坐标值 (x_0, y_0) 进行比较并计算，计算公式为

$$f = 2\sqrt{(x - x_0)^2 + (y - y_0)^2} \tag{3-3}$$

三坐标测量机和万能工具显微镜都能完成坐标测量的工作，为了便于了解和掌握位置度的测量原理及数据处理过程，本实验采用万能工具显微镜进行测量。

一、实验目的

1. 了解万能工具显微镜测量原理并学会其使用方法。
2. 掌握位置度的测量原理和计算方法。

二、实验设备

万能工具显微镜，被测工件。

三、仪器说明

万能工具显微镜是工业生产和科研使用十分广泛的光学计量仪器（见图 3-27）。它可利用影像法、轴切法、接触法及干涉法等多种方法进行测量。也可采用直角坐标和极坐标对机械工具、刀具、样板、模具、量具及零部件等的长度、角度和形状进行检测。同时还可对螺纹的各项参数进行精确测量。

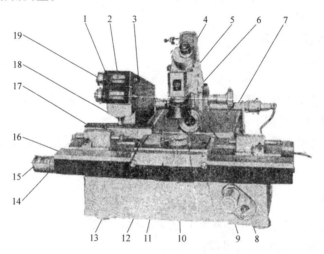

图 3-27　万能工具显微镜外形

1—Y 坐标读数器　2—X 坐标读数器　3—归零手轮　4—测角目镜　5—瞄准显微镜　6—物镜　7—Y 坐标滑台

8—Y 坐标制动手柄　9—Y 坐标微动手轮　10—基准平面　11—玻璃工作台　12—底座　13—Y 坐标分划尺

14—X 坐标制动手轮　15—X 坐标微动手轮　16—X 坐标滑台　17—X 坐标分划尺　18—读数显微镜　19—读数鼓轮

万能工具显微镜的光学系统包括瞄准和读数两部分，如图 3-28 所示。

1）瞄准系统。照明灯 1 发出的光通过聚光镜 2、聚光镜 6、可变光栅 3、滤光片 4 和反光镜 5 照射置于玻璃工作台 7 上的被测件，再通过显微镜的物镜 8、转向棱镜 9 将被测件清晰的成像于米字线分划板 10 上，最后由目镜 11 进行观测。

2）读数系统。X 坐标玻璃毫米分划尺 18 的刻线在照明系统 12～17 的照明下，由投影物镜 19 通过转像系统 20、21 成像于投影屏 22 上，并在屏上进行读数。Y 坐标读数系统 23～31 的光路与 X 坐标读数系统基本相同。

米字线分划板上的分划线用来瞄准至于工作台上的被测件，通过移动滑台刻线后对被测位置进行瞄准定位。

仪器的 X、Y 坐标滑台上各装有一精密的玻璃毫米分划尺，读数系统将毫米分划线清晰地显示在投影屏上，再由测微器作细分读数，因此可精确地确定滑台的坐标值。

3）影像法的测量原理。利用米字线分划板上的分划线瞄准置于工作台上的被测件的影像边缘，并在投影读数装置上读出数值，然后移动滑板，以同一根分划线瞄准工件影像的另一边，再做第二次读数。因为毫米分划尺是固定在滑板上并与滑板一起移动，所以投影读数装置上两次读数的差值，即为滑板的移动量，也就是工件的被测尺寸。

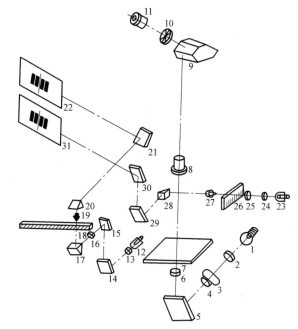

图 3-28　万能工具显微镜光路图

1—照明灯　2、6—聚光镜　3—可变光栅
4—滤光片　5—反光镜　7—玻璃工作台　8、19—物镜
9—转向棱镜　10—分划板　11—目镜　12～17—照明系统
18—分划尺　20、21—转像系统　22—投影屏　23～31—读数系统

万能工具显微镜（见图 3-27）X 坐标滑台 16 和 Y 坐标滑台 7，通过精密滚动导轨可在底座上作轻巧平稳的直线运动。X 坐标滑台在 X 方向可进行 200mm 的移动，旋松制动手轮 14 并握住此手轮推动 X 坐标滑台，可作快速左右移动。锁紧制动手轮 14，旋转微动手轮 15 可对 X 坐标滑台的位置做细微的调节。X 坐标滑台中部的支撑面上可直接安放工件或者玻璃工作台 11。

Y 坐标滑台带动瞄准显微镜 5，相对于固定在 X 坐标滑台上的被测件作 Y 方向移动来实现测量，移动行程为 100mm。旋松制动手柄 8 并握住此手柄便可推动 Y 滑台快速前后移动，锁紧制动手柄，旋转微动手轮 9 便可对 Y 坐标滑台的位置做细微的调节。

4）投影读数器。X 坐标分划尺 17 和 Y 坐标分划尺 13 的毫米分划线分别由两个投影物镜成像在 X 坐标读数器 2 和 Y 坐标读数器 1 的投影屏上。在投影屏上，分划线显示了毫米值，另外，影屏上有 11 个光缝，相邻两光缝的间格相当于 0.1mm。读数鼓轮 19 旋转 100 格刻度可带动投影屏移动 1 个光缝，则鼓轮的每个刻度相当于 0.001mm（也可做 1/10 刻度即 0.0001mm 的估读）。

读数时，转动鼓轮使分划线位于光缝的正中（见图 3-29），这时：在分划线上读得 53mm，从投影屏光缝上读得 0.7mm，从读数鼓轮上读得 0.064mm，则读数值为 53.764mm。

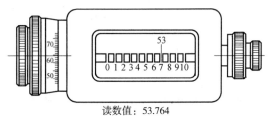

读数值：53.764

图 3-29　读数示意图

为了提高读数精度，移动光缝对准分划线的过程中，最好单向转动读数鼓轮（若光缝移动过量，可以倒回鼓轮，再按原来的转动方向来进行对准）。

四、实验步骤及要求

如图 3-30 所示。用直角坐标测量法分别测量其中 6 个孔的位置度。

1）将被测件放置在玻璃工作台上，以工作台模拟基准面 A，调整焦距，直到被测件被清晰地看到为止。

2）调整被测件位置，使基准面 B 与仪器纵向滑台的移动方向平行且重合（即分划板米字线中间一条竖虚线与 B 边平行且重合），记下 B 边的 X 方向（横向）读数值 X_B，移动 Y 方向（纵向）滑台，使分划板米字线的横虚线与 C 边平行且重合，读数值 Y_C。在不考虑孔的形状误差影响时，按以上方法分别读出每个孔在 X 方向和 Y 方向两个边缘的值（x_{11}，x_{12}）及（y_{11}，y_{12}），（x_{21}，x_{21}）及（y_{21}，y_{22}），…，（x_{n1}，x_{n2}）及（y_{n1}，y_{n2}）。

3）数据处理，如图 3-31 所示。被测孔的圆心在 X、Y 方向的值为 $\left(\dfrac{x_{n1} + x_{n2}}{2}, \dfrac{y_{n1} + y_{n2}}{2}\right)$。

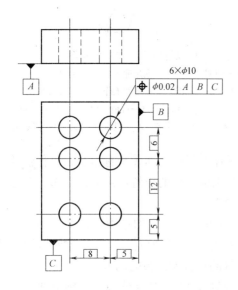

图 3-30 用直角坐标法测量孔的位置

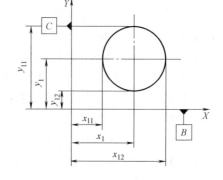

图 3-31 各孔的坐标示意图

被测孔在 X、Y 方向的偏差 f_x、f_y 可由下式计算：

$$f_x = \left[\left(\frac{x_{n1} + x_{n2}}{2}\right) - X_B\right] - 标称值$$

$$f_y = \left[\left(\frac{y_{n1} + y_{n2}}{2}\right) - Y_C\right] - 标称值$$

(3-4)

则该孔位置度误差为

$$f = 2\sqrt{f_x{}^2 + f_y{}^2}$$

(3-5)

4）用此方法依次测量 6 个孔的位置度。从各孔位置度误差值中，选择最大值作为孔组的位置度误差值。对于通孔板形件将零件翻转置于工作台上，按以上方法得到另一组各孔位置度误差值和孔组的位置度误差值，从正反两面的测量中，取其最大值作为该零件的位置度误差。

5）判断被测件的位置度合格性。

6）卸下被测件，整理好测量仪器。

五、思考题

1. 测量过程中可不可以先对好米字线后再调整物镜的焦距？为什么？

2. 被测坐标的理论正确尺寸如何获得？

实验 6* 　圆度误差分析

一、实验目的

1. 熟悉多功能测量仪测量几何误差的测量原理和方法。

2. 熟悉坐标值测量法的测量原理和数据处理过程。

3. 了解测试误差的分析过程。

二、实验内容

1. 坐标值测量法获取坐标值，要求取 12 个点，按照最小二乘法评定圆度误差。

2. 圆度测量误差分析。分析系统中各种误差源对测量结果的影响，包括：

1）系统误差分析。①了解量仪的回转精度引起的误差；②了解工件安装偏心引起的误差；③计算测量头安装位置引起的误差。

2）随机误差分析。

三、实验设备

多功能形位误差测量仪，电感测微仪，被测圆柱体。

四、仪器说明

多功能形位误差测量仪（见图 3-32）是测量轴类、带孔盘套类零件的圆度、圆柱度、

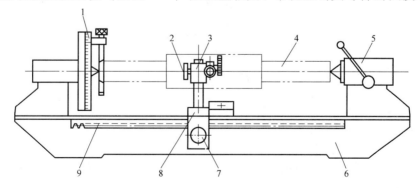

图 3-32　多功能形位误差测量仪

1—分度盘　2—手轮　3—表架（传感器）　4—被测工件　5—顶尖座

6—齿条（刻度尺）　7—托板　8—手轮　9—床身

同轴度、轴线直线度、圆跳动等项目的仪器。它的径向回转精度为 $0.4\mu m$，侧导轨直线度为 $6\mu m$，被测零件最大直径为 350mm，被测零件最大长度为 500mm。

圆度误差是垂直于回转体轴线的某一截面，被测实际轮廓对某理想圆的变动量。理想圆对于实际轮廓的位置不同则得到的误差值也不同。

坐标值测量法测量圆度误差的测量原理为：在被测工件上按照预先确定的布点方式和布点数目，测量被测轮廓在极坐标系或直角坐标系中的各点坐标值，再按照所选定的评定方法对测得的数据进行处理，从而得到圆度误差。

本实验是利用现有的形位误差测量仪及它的分度装置，获得被测零件的极坐标值，再按照最小二乘法，算出圆度误差，并进行圆度误差分析。

五、实验步骤及要求

1）用汽油和棉花将被测件、仪器顶尖擦干净，再把工件装到仪器上。

2）将电感测微仪的传感器测头安装好，并与工件相接触。

3）将传感器与电感测微仪连接，外接 220V 电源，打开开关。根据测量精度及测量过程中读数的最大变化范围合理选定测量档位。通常是在满足最大量程大于读数最大变动范围的条件下尽可能选高精度档位，以减小测量误差。

4）将分度值调零。

5）采集数据。在 360°圆周内取 12 个点进行检测。即多功能测量仪每旋转 30°，在电感测微仪上读一数据，填到实验报告中。

6）分析数据，用最小二乘法计算圆度误差。

7）分析各误差源对测量结果的影响。

测量时，将被测工件装在形位误差测量仪两顶尖间，将电感测微仪测头水平对准被测量横截面，并对准被测工件轴线，测量半径的变化量 Δr。利用分度头将被测圆周等分成 n 个测量点，每转过一个 $\theta = 360°/n$ 角时，由电感测微仪读出该点相对于回转中心在半径方向的偏差值 Δr，由此测得所有数据 Δr_i。

根据获取的数据，用最小二乘法推算出该截面的几何圆心及半径。计算公式为

$$a = \frac{2}{n}\sum_{i=1}^{n}\Delta r_i\cos\theta_i \tag{3-6}$$

$$b = \frac{2}{n}\sum_{i=1}^{n}\Delta r_i\sin\theta_i \tag{3-7}$$

$$R = \frac{1}{n}\sum_{i=1}^{n}\Delta r_i \tag{3-8}$$

式中　a——最小二乘圆圆心的横坐标（μm）；

　　　b——最小二乘圆圆心的纵坐标（μm）；

　　　R——最小二乘圆半径（μm）；

　　Δr_i——测得各点的半径差值（μm）；

　　　θ——各测点所处位置的角度（°）。

被测截面圆上各点到最小二乘圆的径向距离

$$\Delta R_i = \Delta r_i - R - a\cos\theta_i - b\sin\theta_i \tag{3-9}$$

则圆度误差为

$$f = \Delta R_{\max} - \Delta R_{\min}$$

六、系统误差分析

1. 主轴回转误差

主轴回转误差是影响测量精度的直接因素。目前一般圆度测量仪的回转精度为 $0.025 \sim 0.2\mu m$，因此对普通测量件来说可以忽略。

2. 工件安装误差

1）工件安装倾斜引起的误差。当被测工件轴线相对于仪器主轴线倾斜时（见图 3-33），使实际为正圆的轮廓变成椭圆，从而引起测量误差为

$$\Delta d = d' - d = 2r(\sec\theta - 1) \tag{3-6}$$

当 $\sec\theta - 1 \approx \dfrac{\theta}{2}$（$\theta$ 很小）时，工件安装倾斜所引起的测量误差为

$$\Delta d = r\theta^2 \tag{3-7}$$

式中　r——被测工件半径（mm）。

2）工件安装偏心引起的误差。

本实验直接在电感测微仪获取各点半径差值，因此测量图形无畸变，只是平移了一个偏心量，所以这种偏心不会产生测量误差。

3. 测量头安装位置引起的误差

当测量头的位置不通过被测工件的轴线且偏离距离为 Δ 时，如图 3-34 所示，相应的偏离角度 θ 为

$$\theta = \arcsin\frac{\Delta}{r}$$

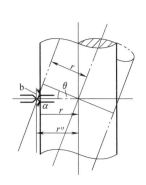

图 3-33　仪器主轴倾斜示意图

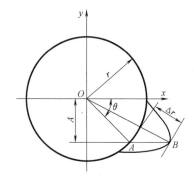

图 3-34　测量头偏离示意图

若被测表面半径增量为 Δr 时，那么由其引起的 Δr_i 的测试误差为

$$\delta_\Delta(\Delta r_i) = \delta_\theta(\Delta r_i) = 2\sin^2\frac{\theta}{2}\Delta r_i \cong \frac{\theta^2}{2}\Delta r_i$$

4. 随机误差分析

在本实验中，测量头直径、测量力大小等也会对测量误差产生影响，但误差很小，可以

忽略不计。

七、思考题

1. 试用图解法推算工件安装倾斜引起的测量误差，如图 3-35 所示。若设安装倾斜度高差 $t = 0.1\text{mm}$，工件半径 $r = 25\text{mm}$，求此时的测试误差 $\delta(t)$。

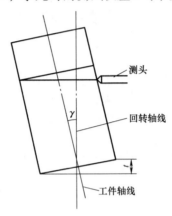

图 3-35　安装引起误差

2. 如果测量头安装位置不通过被测工件的轴线且偏离距离为 Δ，已知工件半径 $r = 100\text{mm}$，$\Delta = 15\text{mm}$，试计算圆度测量误差填入表 3-1 中。

表 3-1　圆度测量表

i	$\theta_i /$ (°)	$\Delta r_i / \mu\text{m}$	$\delta_\Delta (\Delta r_i)$	$\Delta R_i / \mu\text{m}$	$\delta (\Delta R_i)$
1	0	0			
2	30				
3	60				
4	90				
5	120				
6	150				
7	180				
8	210				
9	240				
10	270				
11	300				
12	330				
$\delta(a)$					
$\delta(b)$					
$\delta(f)$					

第四部分 表面粗糙度测量

一、基本知识

表面粗糙度是一种微观几何形状误差。它是指在机械加工中,由于切削刀痕、表面撕裂、振动和摩擦等原因在被加工表面上所产生的间距较小的高低不平的几何形状。零件的表面粗糙度直接影响零件的配合性质、疲劳强度、耐磨性、耐蚀性以及密封性等。此外,表面粗糙度对零件的检测精度以及外形的美观也有影响,因此,表面粗糙度是评定机械零件和产品质量的重要指标。

1)最大轮廓峰高 Rp:在一个取样长度内,最大轮廓峰高 Zp,如图 4-1 所示。

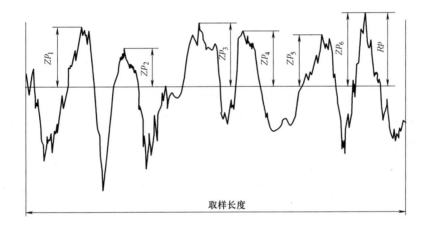

图 4-1 最大轮廓峰高

2)最大轮廓谷深 Rv:在一个取样长度内,最大的轮廓谷深 Zv,如图 4-2 所示。

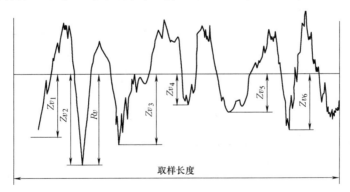

图 4-2 最大轮廓谷深

3）轮廓算术平均偏差 Ra：在一个取样长度内纵坐标 $Z(x)$ 的均值方根值。

$$Ra = \frac{1}{l}\int_0^1 |Z(x)|\,\mathrm{d}x$$

式中，$l = l_r$。

4）轮廓最大高度 Rz：在一个取样长度内，最大轮廓峰高 Rp 与最大轮廓谷深 Rv 之和，如图 4-3 所示，即 $Rz = Rp + Rv$。

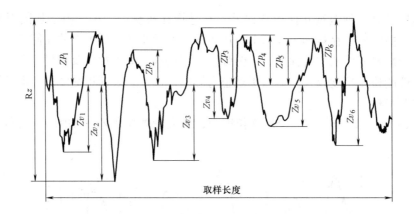

图 4-3　轮廓最大高度

在 GB/T 1031—2009 中规定表面粗糙度可从两个微观平面度的高度参数中选取，这两个参数是：轮廓算术平均偏差（Ra）；轮廓最大高度（Rz）。选用哪个参数根据实际需要而定，也可采用两个参数。但在高度特性参数的常用参数值范围内（Ra 为 $0.025 \sim 6.3\mu\mathrm{m}$，$Rz$ 为 $0.1 \sim 25\mu\mathrm{m}$）推荐优先选用 Ra。在现行国标中，对 Ra、Rz 规定了数值系列，如表 4-1、表 4-2 所示。

表 4-1　Ra 值　　　　　　　　　　　　　　　　　　　（单位：$\mu\mathrm{m}$）

Ra	0.012	0.2	3.2	
	0.025	0.4	6.3	50
	0.05	0.8	12.5	100
	0.1	1.6	25	

表 4-2　Rz 值　　　　　　　　　　　　　　　　　　　（单位：$\mu\mathrm{m}$）

Rz	0.025	0.4	6.3	100	
	0.05	0.8	12.5	200	
	0.1	1.6	25	400	1600
	0.2	3.2	50	800	

二、测量方法

表面粗糙度的测量方法一般可分为针描法、光切法、干涉法、比较法和印模法等。

1）针描法。针描法是将一个极其锐利的针尖沿被测实际表面等速缓慢的滑行，工件实际表面的微观不平使针尖上下运动，针尖的运动由传感器变成电信号，经电子放大装置放大，就可以通过记录器画出工件实际表面轮廓放大图形或由电表直接读出 Ra 参数的数值，适用于测量 Ra 在 $0.02 \sim 5\mu m$ 范围的表面粗糙度。

2）印模法。印模法是利用塑性和可铸性材料复制出被测实际表面的轮廓，然后对复印下来的印模进行测量，从而确定被测工件表面粗糙度。主要用于不能使用仪器直接测量的实际表面。如大型工件、工件内表面等。

光切法、干涉法和比较法在后面的实验中将详细介绍。测量方法的选择可根据表面粗糙程度的不同，以及测试的具体条件而定。

三、取样长度和评定长度

1）取样长度 l_r。在评定表面粗糙度时，如果选择的取样长度不同，就会得到不同的高度数值。选择取样长度一般应参照工件表面的加工方式和表面粗糙度值的大小，选择符合标准系列的适宜的取样长度。

国家标准 GB/T 1031—2009 给出了国际上通用的取样长度系列值，见表4-3，取样长度的数值应从这个系列中选取。一般情况下，在测量 Ra 和 Rz 时推荐按表4-4及表4-5选用对应的取样长度值。

表4-3　通用 l_r 值　　　　（单位：mm）

l_r	0.08	0.25	0.8	2.5	8	25

对于微观不平度兼具较大的端铣、滚铣及其他大进给走刀的加工表面，应按标准中规定的取样长度系列选取较大的取样长度值。

2）评定长度 l_n。如果粗糙度均匀性比较好，在一个取样长度内测量，便能获得可信赖的结果；如果粗糙度均匀性较差，则必须在较长的包含几个长度段的范围内测量，然后取其平均值，才能代表这一表面的粗糙度特性。因此要选定一个合适的最小表面段长度，即评定长度。

由于加工表面的不均匀性，在评定表面粗糙度时其评定长度应根据不同的加工方法和相应的取样长度来确定。一般情况下，当测量 Ra 和 Rz 时推荐按表4-4和表4-5选取相应的评定长度值。如被测表面均匀性较好，测量时可选用小于 $5l_r$ 的评定长度。

这一部分实验主要对光切法测量、干涉法测量、比较法测量和表面粗糙度检查仪测量四个实验内容进行讲解。通过这几个实验，使同学们对表面粗糙度有一个全面地了解。

表4-4　Ra 的取样长度 l_r 和评定长度 l_n 的选用值

$Ra/\mu m$	l_r/mm	l_n（$l_n = 5l_r$）/mm
≥0.008 ~ 0.02	0.08	0.4
>0.02 ~ 0.1	0.25	1.25
>0.1 ~ 2.0	0.8	4.0
>2.0 ~ 10.0	2.5	12.5
>10.0 ~ 80.0	8.0	40.0

表 4-5 *Rz* 的取样长度 l_r 和评定长度 l_n 的选用值

$Rz/\mu m$	l_r/mm	l_n ($l_n = 5l_r$) /mm
≥0.025 ~ 0.10	0.08	0.4
>0.10 ~ 0.50	0.25	1.25
>0.50 ~ 10.0	0.8	4.0
>10.0 ~ 50.0	2.5	12.5
>50 ~ 320	8.0	40.0

实验 1 表面粗糙度标准样板评定工件表面粗糙度

一、实验目的

1. 了解表面粗糙度概念。
2. 学会使用比较法检测工件表面粗糙度。
3. 了解不同加工方法获得表面粗糙度的情况。

二、实验设备

表面粗糙度标准样板、被测工件。

三、仪器说明

表面粗糙度标准样板是一组在一定条件下用不同加工方法制成的金属块，如图 4-4 所示，其表面经验定后标出粗糙度级别并注明加工方法，是工厂及车间常用的较为简便的一种评定表面粗糙度的方法。

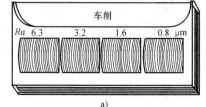

比较测量方法是用表面粗糙度标准样板与被测工件表面进行比较，来判断表面粗糙度数值。其特点是使用简单、成本较低、对环境要求不高，但方法不够严谨。

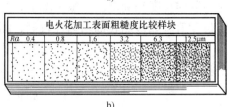

图 4-4 表面粗糙度比较样板
a）车削加工样块 b）电铸工艺复制的样块

利用表面粗糙度标准样板来检验样件的表面粗糙度包括以下三种方法：

（1）视觉比较法 视觉比较法就是用测量者眼睛反复比较被测表面与标准样板间的加工痕迹异同、反光强弱、色彩差异，以判断被测表面的粗糙度值大小。必要时可借助放大镜进行比较。

（2）触觉比较法 触觉比较法就是用手指分别触摸或划过被测表面和标准样板，根据手的感觉判断被测表面与标准样板在峰谷高度和间距上的差别，从而判断被测表面粗糙度的大小。抚摸时，手在两表面上移动的方向要垂直于加工纹理方向。对于无纹理的，如抛光、喷砂等，要从各个方向去抚摸样块和被测表面进行比较。

（3）听觉比较法　听觉比较法是用铁钉或硬物在被检表面和表面粗糙度样块工作表面分别轻轻划过，仔细分辨其声音，选择声音最相近的表面粗糙度样块，即为被测件的表面粗糙度。使用听觉比较法时，要注意不要划伤样块和被测件表面。铁钉要垂直于加工纹理方向划动。

使用以上三种判别方式应注意：

1）使用表面粗糙度样块检测时，必须保证表面粗糙度样块和被测件的材质、加工方法相同。只有满足这些要求，才有可比性，才能进行比较检测。否则无精度可言。

2）表面粗糙度样块和被检工作面要在相同的条件下（光线、温度、湿度等）进行比较，特别是用视觉比较法检验时，更要注意这些条件。

3）亮度和表面粗糙度一定要区别开，不能混淆，亮度好的，表面粗糙度不一定好。亮度不好的，表面粗糙度数值未必就不好，所以在检测时，特别是用视觉比较法检测时，更要注意。

表面粗糙度值 $Ra = 12.5 \sim 3.2\mu m$ 时，用肉眼可直接观察；$Ra = 11.6 \sim 0.8\mu m$ 时，要用 $5 \sim 10$ 倍放大镜观察，$Ra = 0.4 \sim 0.1\mu m$ 时，要用比较显微镜观察才能得到比较准确的结果。

用表面粗糙度标准样板检测，在很大程度上，取决于测量人员的经验。因此，要根据被测件的精度要求选择使用测量。

四、实验步骤及要求

1. 用脱脂棉蘸汽油将被测工件表面擦拭干净。

2. 根据被测工件的材料、几何形状、加工方法，选出具有相同条件的粗糙度样板。（需要特别强调的是相同条件，材质的不同会导致反光特性以及手感的不同。比如一个钢质材料标准样板和铜制材料工件的表面进行比较，将会带来误差较大的比较结果。不同的加工方法也会带来较大的误差）。

3. 用视觉比较法比较被测工件与样板的表面粗糙度，看工件接近样板的哪一级。

4. 确定被测工件的表面粗糙度等级，填入报告。

五、思考题

1. 评定表面粗糙度时，为什么规定取样长度和评定长度？

2. 用比较法检测表面粗糙度时应注意什么？

实验2　双管显微镜测量表面粗糙度

一、实验目的

1. 了解光切原理以及表面粗糙度的概念。

2. 学会调整、使用双管显微镜。

3. 掌握螺杆测微读数。

4. 掌握数据处理方法及判断被测件合格性的原则。

二、实验设备

双管显微镜、被测件。

三、仪器说明

双管显微镜是常用的测量表面粗糙度的仪器之一，适用于测量 Rz 值在 $0.8 \sim 80\mu m$ 范围的表面粗糙度，所测得的表面粗糙度用轮廓的最大高度 Rz 来评定。

1. 仪器结构

双管显微镜（又称光切显微镜）由投影管和观察管组成，故称双管显微镜。其外形结构有两种，如图 4-5 所示。图 4-5a 所示双管显微镜的一对可换物镜相对位置可调整；图 4-5b 所示双管显微镜的一对可换物镜装成一体，两光轴对台面倾斜，固定成 45°，并交于一点，使用时不需要调整。

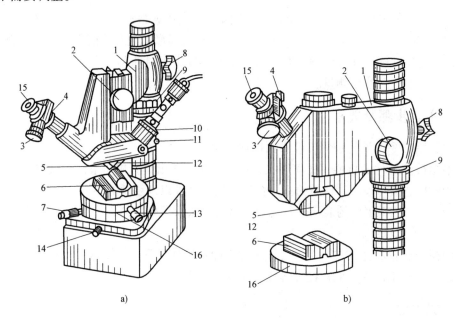

a)　　　　　　　　　　　b)

图 4-5　双管显微镜外形结构

1—横臂　2—调焦手轮　3—目镜千分尺　4、14—锁紧螺钉　5、12—可换物镜
6—V 形架　7、13—千分尺　8—横臂锁紧手柄　9—调节螺母　10—调焦环
11—光线投射位置调节螺钉　15—目镜　16—工作台

双管显微镜备有四对不同倍数的可换物镜，使用时可根据工件表面粗糙度的程度选择相应放大倍数的一对物镜（见表 4-6，表 4-7）。在观察管的上方装有目镜千分尺 3，也可装照相机。目镜千分尺（图 4-6）有两块分划板，固定分划板 4 上刻有 8mm 长分度尺，分度值 1mm，可动分划板 3 上刻有十字线和双

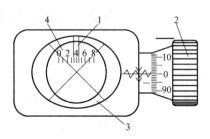

图 4-6　目镜千分尺

1—双标线　2—分度套筒　3—可动分划板　4—固定分划板

标线。分度套筒 2 的圆周上刻有 100 条刻线。转动套筒一周，通过螺杆使可动分划板上双标线相对固定分划板上刻线尺移动 1mm，也就是目镜千分尺的分度套筒每转一小格，可动分划板上十字线的交点移动 0.01mm。

表 4-6　MNC-11 型物镜适于测量的表面粗糙度 Rz

物镜焦距/mm	物镜放大倍数	分度值 E/μm	物镜测量 Rz 的范围/μm
$F = 25.02$	5.9	0.85	>6.3 ~ 80
$F = 13.89$	10.5	0.47	>3.2 ~ 20
$F = 8.16$	18	0.28	>1.6 ~ 10
$F = 4.25$	34.5	0.14	>0.8 ~ 3.2

表 4-7　国产 XSG 型物镜适于测量的表面粗糙度 Rz

物镜放大倍数	分度值 E/μm	物镜测量 Rz 的范围/μm
7	1.27	>6.3 ~ 80
14	0.63	>3.2 ~ 20
30	0.29	>1.6 ~ 10
57	0.15	>0.8 ~ 3.2

2. 测量原理

双管显微镜是利用光切原理来测量表面粗糙度的。图 4-7 所示为双管显微镜的测量原理图。

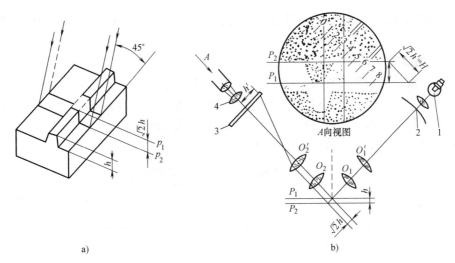

a)　　　　　　　　　　　　　　　　b)

图 4-7　双管显微镜测量原理
a）光切图　b）光路图
1—光源　2—狭缝　3—分划板　4—目镜

在投射管中，由光源 1 发出的光，经过狭缝 2 后，形成一条扁平带状光束，以 45°角的方向经物镜组 $O_1'O_1$ 投射到被测工件表面，凹凸不平的表面上呈现出曲折光带，再以 45°角发射，射入观察镜，经物镜组 $O_2'O_2$ 成像在分划板 3 上。从目镜 4 看到的曲折光带有两个边界，测量时只根据其中调焦比较清晰的一个边缘进行。曲折光带边缘的曲折程度表示影像的峰谷高度 h'。h' 与表面凸起的实际高度 h 之间的关系为

$$h = \frac{h'}{N}\cos 45° \qquad (4\text{-}1)$$

式中　h——实际不平高度（μm）；

　　　h'——波影高度（μm）；

　　　N——物镜放大倍率。

为了测量计算方便，目镜千分尺在安装时，使目镜中十字线交点的移动方向和测量的波影高度 h' 成45°角，如图4-4b中 A 向视图。若测量波影高度 h' 时，目镜千分尺分度套筒两次的读数分别为 A_1，A_2，则十字线交点的移动距离为 $H = |A_1 - A_2|$。可知

$$h' = Hi\cos 45° \qquad (4\text{-}2)$$

式中　i——目镜千分尺分度值0.01mm。

将式（4-2）代入式（4-1）得

$$h = \frac{Hi\cos 45°}{N}\cos 45° = \frac{i}{2N}|A_1 - A_2| \qquad (4\text{-}3)$$

式（4-3）表明，当 i 值一定时，实际不平高度 h 由所用物镜放大倍率 N 及分度套筒两次读数的差值 $|A_1 - A_2|$ 确定。为计算方便，令

$$E = \frac{i}{2N}$$

则

$$h = |A_1 - A_2|E$$

E 可理解为目镜千分尺装在双管显微镜上使用时的分度值。它表示分度套筒每小格所代表的被测表面实际不平高度的大小。

3. E 值的确定

E 值与物镜放大倍数有直接的对应关系，物镜放大倍数不同，E 值也不同。由于仪器生产中的加工误差和装校误差，以及仪器在使用过程中可能产生的变动，致使物镜的实际倍率与表4-8所列的标称值之间有某些差别，故仪器投入使用时，以及经过长时间的使用之后，或在调修重新安装之后，要进行 E 的确认。

表4-8　物镜倍数对应标准分度尺格数

物镜倍数	7	14	30	57
标准分度尺格数	100	50	30	20

确定方法：

1）将1mm长度内刻有100等份分度线的标准分度尺放在工作台上，调整该标准分度尺，使在目镜视场内能看到清晰的分度尺分度线（见图4-8），分度线与狭缝光带垂直（注意：一定将镜管由下至上调焦）。

2）旋转测微目镜，使视场内十字线交点运动方向与分度尺像平行。

3）按表4-8选取推荐的分度线格数。旋转刻度套筒将十字线交点移至与 Z 格起始刻线重合（见图4-8中实

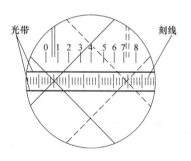

图4-8　刻度套筒示意图

线位置），记下读数 A_1（目镜中固定分划板上的分度尺格数及分度套筒示数）。再将十字线交点移至与 Z 格末端刻线重合（见图4-8中虚线位置），记下读数 A_2，读数差 $A = |A_2 - A_1|$ 格。

4）计算

$$E = \frac{Z}{2A} T \tag{4-4}$$

式中　Z——标准分度尺格数
　　　T——标准分度尺的刻度间隔。

四、实验步骤及要求

1）估计被测表面粗糙度，按表4-8选取一对合适的物镜分别安装在投射管和观察管上。按表4-5确定取样长度 l，并根据工件实际表面的均匀性确定出评定长度 l_n。

2）将被测件擦净后安放在工作台上，接通电源。

3）松开横臂锁紧手柄8，旋转调节螺母9，使横臂1升降，调整物镜距离被测工件10~15mm位置，用眼睛看到工件表面出现一条绿色（或黄色）光带，轻轻转动横臂使加工刀痕与光带垂直并与工作台纵向移动方向垂直，锁紧横臂锁紧手柄8，转动工作台千分尺7使工件至两管对称位置。

微微转动目镜15的滚花环调节视度，将视场中的十字线调至最清晰。

4）慢慢转动调焦手轮2（调焦时为避免镜头碰到工件，最好由下向上调节），直至目镜视场中出现工件表面的加工痕迹影像，并使影像处于视场中部位置。

5）转动光线投射位置调节螺钉11，使光带与加工痕迹影像重合，然后旋转调焦环10，使波影清晰，并使其中的一个边界最清晰。

在调节过程中，调焦手轮2，调焦环10，光线投射位置调节螺钉11需配合进行。

6）松开锁紧螺钉4，转动测微目镜架，使目镜中十字线的水平线与光带方向大致平行，以体现轮廓中线。此时分线尺对光带方向倾斜45°角，将锁紧螺钉4锁紧。

7）旋转刻度套筒使十字线在选定的取样长度内分别与被测轮廓的最大峰高和最大谷深相切，在刻度套筒上读出每一次相切后的读数 Rp' 和 Rv'，按下式计算出该基本长度的 Rz

$$Rz = ||Rp'| - |Rv'|| E$$

当评定长度为取样长度 l_r 的一倍以上时，则按要求和上述步骤再测相应个 l_r 的 Rz，最后取其平均值为该工件表面的 Rz。

8）将测量数据记入实验报告，根据给定的 Rz 参数允许值判断工件合格性。

五、思考题

为什么只能用光带的同一个边界的最高点和最低点来计算 Rz，而不能用不同边界的最高点和最低点来计算？

实验3* 干涉显微镜测量表面粗糙度

一、实验目的

1. 了解光波干涉原理。
2. 学会调整、使用干涉显微镜。
3. 掌握数据处理方法及判断被测件合格性的原则。

二、实验设备

干涉显微镜、被测工件。

三、仪器说明

干涉显微镜是干涉仪和显微镜的组合。它利用光波干涉原理，将具有微观不平的被测表面与标准光学镜面相比较，以光波波长为基准来测量工件表面粗糙度。多用于测量最大轮廓高度 Rz，也可测量零件表面刻线、刻槽镀层（透明）等深度。

1. 仪器的外观及各部分的功用说明（图4-9）

照相机为仪器专用附件之一，如需要拍下干涉图像时，利用光束导向手轮10将仪器调整到照相位置后，进行拍照，一般测量时，相机可以取下。

2. 测量原理

干涉显微镜是基于光波干涉原理的，所谓光波干涉是由两个频率相同，振动方向相同，周期相同或周期差恒定的波源所发出的二列波在空间相遇时，在空间任何一点的周相差也是恒定的，因而在空间的某些地方振动始终加强，而另一些地方的振动始终减弱或完全抵消，这种现象称为波的干涉。干涉显微镜（图4-10）自光源1发出的光束经照明聚光镜后由反光镜3转向，再由分光板7分成两束：一束透过分光板7，补偿板9，显微物镜10后射向被测工件 P_2 表面，由 P_2 反

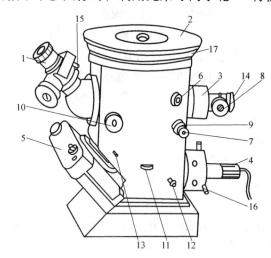

图4-9　干涉显微镜外观

1—目镜　2—圆工作台　3—参考镜部件　4—光源
5—照样机　6—遮光板手轮　7、8、9、14—干涉带调节手轮
10—光束导向手轮　11—改变光栏孔径旋钮　12—滤光片移动手柄
13—紧固照相机螺钉　15—螺钉　16—灯丝调节螺钉　17—滚花轮

射后经原路返回至分光板7，再由分光板7反射向观察目镜14。另一束由分光板7反射后通过显微物镜8射到标准反射镜 P_1 上，由 P_1 反射，再经物镜8后，透过分光板7也射向观察目镜14，与第一束光产生干涉。适当调整仪器后，通过观察目镜14，可以看到干涉条纹。

分光板7，补偿板9，显微物镜10，分划板13以及反射镜 P_1 等都经过精密加工，如果

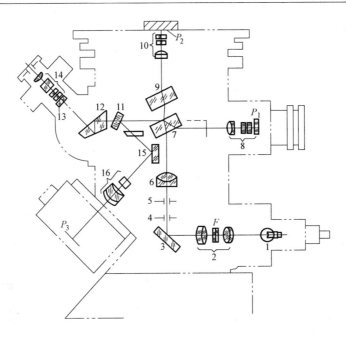

图 4-10 干涉显微镜

1—光源 2—聚光镜 3、15—反光镜 4—孔径光栏 5—视场光栏 6、16—聚光镜 7—分光板
8—显微物镜 9—补偿板 10—显微物镜 11—可调反光镜 12—转向棱镜 13—分划板 14—目镜
P_1—反射镜 P_2—工件 P_3—照相机底片

被测表面也是同样精密，可看到没有曲折的平直干涉条纹，若被测表面不平整则呈现如图 4-11 所示的弯曲干涉条纹。

干涉条纹的弯曲是由被测表面凹凸不平所引起，因此，在测出干涉条纹的弯曲量后即可算出零件表面实际轮廓最大高度 Rz（图 4-12）。

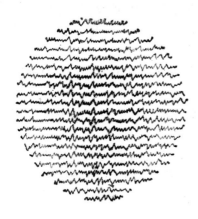

图 4-11 弯曲干涉条纹

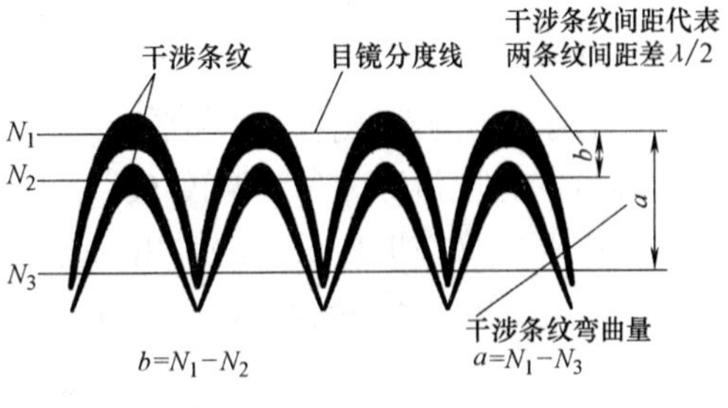

图 4-12 测出干涉条纹的弯曲量

由光波干涉原理知

$$Rz = \frac{a}{b} \cdot \frac{\lambda}{2}$$

式中 a——干涉条纹弯曲度；

b——干涉系统宽度（间距）；

λ——光波波长。

在精密测量中，通常用单色光源，当被测表面粗糙度较低加工痕迹又很不规则时，用白光较好。因为白光干涉中的零次黑条纹可清楚地显示干涉条纹的弯曲情况，便于观察测量。

四、测量步骤及要求

1）插上插头接通电源。

2）将光束导向手轮转到目视位置。即把反光镜从光路中转出，同时转动遮光板手轮6将遮光板从光路中转出，此时在目镜中应看到明亮的视场。否则，手动调节灯源中心调解螺钉，得到照明均匀的视场。

3）转动干涉带调节手轮使目镜视场中下方弓形直边清晰，从而保证反射镜 P_1 已位于物镜的物面上（见图4-13a）。

4）将被测件安置在工作台上，被测面朝向物镜（即朝下），转动遮光板手轮将反射镜 P_1 一路光束遮去。转动滚花轮使工作台上下升降。直到目镜视场中观察到清晰的工作表面为止，此时再转动遮光板手轮将遮光板从光路中转出。

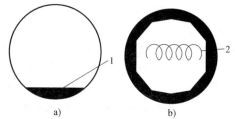

图4-13　目镜视场
1—弓形直边　2—灯丝像

5）松开目镜螺钉将测微目镜从目镜转座中取出。直接从目镜管看进去，可以看到两个灯丝像，此时转动手轮11使孔径光栏升至最大，转动干涉带调节手轮7，9，使两个灯丝像完全重合，同时调节灯源中心螺钉使灯丝像位于孔径光栏中央（见图4-13b），再插上微测目镜，旋紧目镜螺钉。

6）将滤光片移动手柄向左推到底，使滤光片插入光路，此时在目镜中应能看到干涉条纹，如果没有干涉条纹，可以慢慢来回转动干涉带调节手轮直到视场中出现最清晰的干涉条纹。

7）转动干涉带调节手轮可得到最好效果和所需要的宽度和方向的干涉条纹，为了提高干涉条纹的对比可适当缩小孔径光栏直径。

转动干涉带调节手轮使工件的加工纹路方向和干涉条纹方向垂直，松开目镜螺钉转动测微目镜，使视场中十字线之一与干涉条纹平行。

8）转动目镜测微鼓轮，使水平十字线对准相邻两干涉条纹中心（图4-12），测微目镜鼓轮上转过的分度值即为条纹宽度 *b*。

9）按 *Rz* 定义在取样长度内，用水平十字线分别对准弯曲干涉带最高峰值和最低谷值，在测微鼓轮上读出其值 *Rp'* 和 *Rv'*，利用公式可以算出轮廓最大高度 *Rz* 数值，即：

$$Rz = \left| |Rp'| - |Rv'| \right| \cdot \frac{2}{\lambda} \cdot C$$

10）根据给定的粗糙度允许值判断工件合格性。

五、思考题

1. 干涉显微镜和光切显微镜的应用范围如何？能否相互取代？

2. 为什么干涉显微镜不需要确定目镜测微鼓轮的分度值？

实验4 表面粗糙度测量仪检测表面粗糙度

一、实验目的

1. 了解现代精密测量方法和手段。
2. 学会调整、使用表面粗糙度测量仪。
3. 了解表面粗糙度测量仪的测量原理。

二、实验设备

表面粗糙度测量仪、被测工件。

三、仪器说明

1. 仪器介绍

表面粗糙度测量仪外形结构图如图 4-14 所示。它由驱动箱、传感器、电器箱、立柱、底座及计算机六部分组成。

图 4-14 表面粗糙度测量仪外形结构图

图 4-15 所示为驱动箱结构图。图 4-16 所示为传感器结构图。该仪器除测量部分外，还附有微机数据处理系统，能测量 26 个表面粗糙度参数，并且在打印机上输出测量结果和轮廓图形。同时还配有标准、小孔、深槽、圆弧、高分辨率 5 个传感器，以满足多种零件测量的要求。比如对平面、外圆柱面、$\phi6$ 以上的内孔表面以及圆弧表面等测量。

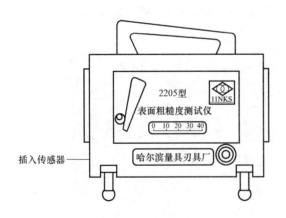

图 4-15 驱动箱结构图

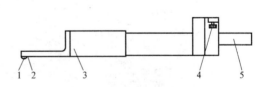

图 4-16 传感器结构图
1—导头 2—测量头 3—主体
4—锁紧手轮 5—定位杆

测量范围：0.001 ~ 50μm
示值误差：< ±5 %
测量头测力：不大于 0.0007N
评定长度：1 ~ 5 倍的取样长度

取样长度：0.25mm、0.8mm、2.5mm

2. 工作原理

使用表面粗糙度测量仪测量表面粗糙度时，将传感器搭在工件被测面上，传感器探出的极其尖锐的棱锥形金刚石测量头，沿着工件被测表面滑行，此时工件被测表面的粗糙度引起了金刚石测量头的位移，该位移使线圈电感量发生变化，经过放大及电平转换之后进入数据采集系统，计算机自动地将其采集的数据进行数字滤波和计算，得出测量结果，测量结果及图形在显示器显示或打印输出。

四、实验步骤及要求

（1）使用前准备和检查　将驱动箱可靠的装在立柱横臂上，松开锁紧手轮，使横臂能沿立柱导轨自如的升降并锁紧。连接好仪器的全部插件，将各开关、旋钮和手柄按测量要求拨至所需的位置，检查正确后打开电源。打开电源的顺序是：驱动箱、CRT 显示器、打印机、最后是计算机电源。

（2）校准　仪器附带有一块多刻线样板，用于校验仪器的表面粗糙度 Ra 值。在玻璃样板上面标示着工作区域和表面粗糙度 Ra 的鉴定值。使用样板对仪器进行校验时，应注意使传感器运动方向必须与刻线方向垂直，并需在样板所标示的工作区域内工作，否则不能保证校验结果的可靠性。

（3）软件运行　打开计算机，等系统启动完成后，双击安装目录下的 2205.exe，运行表面粗糙度测量软件。等初始化完成以后，即可进入表面粗糙度测量系统主屏幕，如图 4-17 所示。

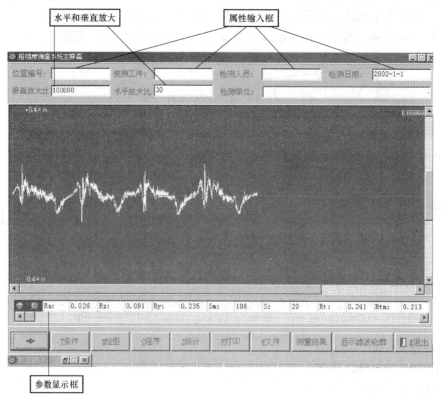

图 4-17　表面粗糙度测量主屏幕

设置测量条件时，用鼠标单击"T 条件"按钮，即可弹出如图 4-18 所示对话框，根据要求进行选择。单次测量时传感器测量完毕以后需将传感器返回到初始位置，连续测量时则不用。

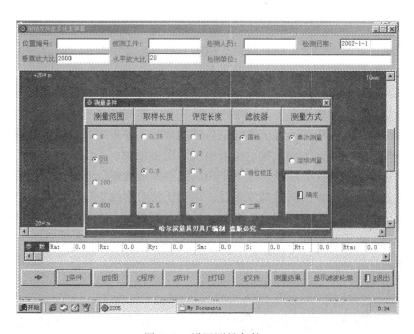

图 4-18　设置测量条件

（4）放置被测件　将工件擦拭干净放在工作台上，左手向上抬起传感器，右手将起动手柄向左扳到起动手柄限片位置，再把起动手柄转到右端，调整驱动箱的升降，使传感器测量头接触工件表面，直到计算机显示测量头位移指示器处于两个红带之间（最好在零线附近）。或者使驱动箱测量头位移指示器指示处于两个红带之间（最好在中间的黄灯附近）。

（5）起动测量按钮　对大型工件进行测量时，将驱动箱从立柱上取下，直接放在大型工件上进行测量，驱动箱由四只可同步调整的球形支撑架支撑在工件上，通过调整手轮，调整球形支撑架的张角，使驱动箱上升或下降，达到调零的目的，再进行以上的测量步骤。

五、思考题

1. 如何调整传感器测量头与工件的接触最佳位置？
2. 表面粗糙度测量仪的工作原理是什么？

第五部分　螺　纹　测　量

在圆柱或圆锥表面上，沿着螺旋线所形成的具有规定牙型的连续凸起称为螺纹。螺纹的测量方法主要包括综合测量和单项测量两大类。

综合测量利用螺纹量规来进行测量，通过检验螺纹的实际中径误差和折算中径误差来控制螺纹的旋合质量。折算中径误差是把螺距和牙型半角等的误差折算在中径方向上的误差。在检测螺纹产品合格与否但并不要求螺纹的各项参数时，多采用螺纹极限量规来检验。因这种方法测量简便，效率高，故在大批量生产中被广泛采用。

单项测量主要是对螺纹的中径、牙型半角、螺距等参数进行测量。常用的方法有：工具显微镜测量各参数，用三针法测量螺纹中径，用测长仪对螺纹中径测量等。单项测量主要用于工艺分析及单件小批量生产的场合。同时，检验普通螺纹用的螺纹极限量规，因其中径、螺距及半角公差是单独规定的，且精度较高，亦采用单项测量。

本部分实验内容包括：螺纹综合测量——螺纹量规的使用；螺纹单项测量——在大型工具显微镜上测量螺纹；用三针法测量螺纹中径。

实验 1　螺纹综合测量——螺纹量规的使用

一、实验目的

1. 了解螺纹量规的种类以及使用规则。
2. 掌握螺纹综合测量的判别方法。

二、实验设备

螺纹量规、被测件

三、原理知识

用极限量规综合检验普通螺纹的方法是车间中广泛应用的。使用这种方法测量简便、效率较高，且能可靠地保证互换性。综合检验螺纹主要用于检测只要求保证可旋合性的螺纹，它是用螺纹极限量规按泰勒原则进行检验的。被检螺纹合格的标志是通端量规能顺利地与被检螺纹在被检全长上旋合，而止端量规不能完全旋合或不能旋入。

用极限量规与被检螺纹旋合时，会出现四种典型情况：

1）极限量规与被检螺纹牙型半角相等，但其中有一个偏斜，只要中径不同，它们能旋合，但牙面是点接触。

2）螺距不同，但只要被检内螺纹中径足够大，同样也可能出现点接触。

3）中径一样大，牙型半角不同，这时不能旋合。

4）牙型半角不同，但中径有足够差别，也可旋合。

因此，只要采用通端和止端两种量规，就可对螺纹全部尺寸进行综合测量。

根据 GB/T 3934—2003 标准，普通螺纹量规按照使用性能可分为工作螺纹量规和校对螺纹量规。普通螺纹量规为具有标准普通螺纹牙型，能反映被检内、外螺纹边界条件的测量器具。

1）工作螺纹量规。在制造内、外螺纹工件的过程中检验螺纹尺寸正确性所使用的量规。一般按"对"使用，即：通端螺纹塞规，止端螺纹塞规；通端螺纹环规，止端螺纹环规。

螺纹环规的结构形式分为调整式和不可调整式。调整式环规的优点是使用磨损后，容易重新校正调整，便于修复，从而延长了环规的使用寿命。同时，在制造时可以减小研磨及磨削余量。缺点是不稳定，误差较大。

根据我国工厂生产实践，在 6～42mm 范围内，采用调整式螺纹环规，小于 6 或大于 42mm 采用不可调整式环规。

2）校对螺纹量规。在制造工作螺纹环规或检验使用中的工作螺纹环规是否已磨损时所用的螺纹量规。所以校对量规不能用来直接检验螺纹工件。

螺纹量规的名称、代号、使用规则见表 5-1。

表 5-1　螺纹量规名称、代号、使用规则

名称	代号	使用规则
通端螺纹塞规	T	应与工件内螺纹旋合通过
止端螺纹塞规	Z	允许与工件内螺纹两端的螺纹部分旋合，旋合量应不超过两个螺距，退出量规时测定。若工件内螺纹的长度少于或等于三个螺距，不应完全旋合通过
通端螺纹环规	T	应与工件外螺纹旋合通过
止端螺纹环规	Z	允许与工件外螺纹两端的螺纹部分旋合，旋合量应不超过两个螺距，退出量规时测定。若工件外螺纹的长度少于或等于三个螺距，不应完全旋合通过
校通—通螺纹塞规	TT	应与通端螺纹环规旋合通过
校通—止螺纹塞规	TZ	允许与通端螺纹环规两端的螺纹部分旋合，旋合量应不超过一个螺距，退出量规时测定
校通—损螺纹塞规	TS	
校止—通螺纹塞规	TZ	应与止端螺纹环规旋合通过
校止—止螺纹塞规	ZZ	允许与止端螺纹环规两端的螺纹部分旋合，旋合量应不超过一个螺距，退出量规时测定
校止—损螺纹塞规	ZS	

综上所述：

1）在检验内螺纹时（螺母），通端工作塞规用以控制被检内螺纹的大径下极限尺寸和作用中径的下极限尺寸，其牙型完整，螺纹长度与被检螺纹长度一样，合格标志为顺利通过被检内螺纹。止端工作塞规控制被检内螺纹实际中径，为消除牙型误差，制成截断牙型，为减少螺距误差影响，其长度为 2～3 个螺距，合格标志是不能通过，但可部分旋入，旋入量不得多于 2 个螺距；长度少于或等于 3 个螺距的，不能完全旋合通过。

2）在检验外螺纹时（螺栓），通端工作环综合控制被检外螺纹的内径下极限尺寸和作用中径的上极限尺寸，牙型完整，螺纹长度与被检外螺纹旋合长度相当，合格标志为顺利通过被检螺纹。止端工作环只控制被检外螺纹实际中径的最小极限尺寸，截断牙型，合格标志是不能通过，但可部分旋入，螺纹旋入量不得多于 3 个螺距；少于或等于 3 个螺距的，不能完全旋合通过。

3）GB/T 3934—2003 规定，制造者和验收者应使用同一合格的量规。若使用同一合格量规困难时：操作者应使用新的（或磨损较少的）通端螺纹量规或磨损较多的（或接近磨损极限的）止端螺纹量规；检验者或验收者应使用新的磨损较多的（或接近磨损极限的）通端螺纹量规或新的（或磨损较少的）止端螺纹量规。

四、实验步骤及要求

1. 根据被测螺纹标记选用相应的螺纹量规。
2. 将被测件及螺纹量规擦拭干净待用。
3. 将螺纹量规的通端旋入被测件。
4. 将螺纹量规的止端旋入被测件。
5. 将测量结果记入实验报告。
6. 判断合格性。

实验中需要注意：

1. 在使用螺纹量规进行大量检验时，要注意清洁。如果螺纹本身不清洁，不但会给测量结果带入误差，而且还会引起螺纹量规的强烈磨损。
2. 量规和工件要求等温。特别是用量规检验轻金属材料制件时，应当尽量避免长时间用手握持（应采用隔热装置），并在量规上涂上一层很薄的油层。
3. 量规不用时，应单个存放在清洁的木盒内，避免相互碰撞而损坏。并对量规的螺纹轮廓部位用放大镜进行检查。
4. 使用螺纹量规场所的标准温度为 20℃，允许的偏差可查阅相关规定。
5. 量规检验场所的空气湿度不应超过 80%。

五、思考题

1. 用螺纹量规检测螺纹的合格条件是什么？
2. 螺纹量规主要对螺纹的哪几种参数进行检测？

实验 2　螺纹单项测量——在大型工具显微镜上测量螺纹

一、实验目的

1. 了解大型工具显微镜的测量原理及主要结构特点。
2. 练习利用大型工具显微镜测量螺纹中径，螺距和半角误差的方法。
3. 了解螺纹单一中径、实际中径、作用中径的概念以及判断螺纹的合格性。

二、实验设备

螺纹工件；大型工具显微镜。

三、仪器说明

1）工作原理。工具显微镜以影像法测量被测件时，光源发出的光束经过滤光片、可变光栏，经反射镜转向，再通过聚光镜形成一圆形光束，照明工作台上的被测件。再通过物镜把放大了的工件轮廓成像在目镜分划板上，然后通过目镜中的虚线来瞄准轮廓影像，并通过该量仪的工作纵向、横向标尺和角度示值目镜来实现读数。

2）仪器介绍。工具显微镜是计量室的基本仪器之一，它有大型、小型和万能型三种，它们的应用范围及附件虽有所不同，但其工作原理基本一样。工具显微镜除可以测量一般长度和角度外，常用于测量轮廓比较复杂的零件，如螺纹、样板、刀具冲模等。由于这类仪器附有测量螺纹的镜头及附件，因此特别适合测量螺纹中径，螺距及牙型角等基本要素。

大型工具显微镜的外形如图 5-1 所示。此仪器最特殊之点在于其目镜头。目镜外形如图 5-2a 所示，从中央目镜可观察到被测工件的轮廓影像和分划板的米字线（见图 5-2c）。从角度示值目镜中，可以观察到分划板上 0°～360°的度值刻线和固定游标分划板上 0′～60′的分度线（见图 5-2d）。转动滚花轮，可使刻有米字线和度值刻线的分划板转动，它转过的角度，可从角度示值目镜中读出，当角度示值目镜中固定游标的零线与度值刻线的零位对准时，则米字线中间虚线 A—A 正好垂直于仪器工作台的纵向移动方向。虚线 B—B 则平行于工作台的纵向移动方向，纵向移动方向可作为螺纹的测量轴线。

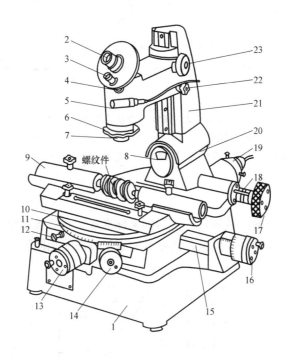

图 5-1　大型工具显微镜

1—底座　2—目镜　3—角度示值目镜　4—反射镜　5—横臂　6—转动旋钮　7—物镜　8—光栏调整环　9—顶尖
10—工作台　11—圆刻度盘　12、22—锁紧螺钉　13—横向移动测微鼓轮　14—工作台旋转手轮　15—量块
16—纵向移动测微鼓轮　17—立柱倾斜手轮　18—标尺　19—光源　20—支座　21—立柱　23—横臂升降手轮

角度读数：当度值刻线 30（见图 5-2d）位于分度线 0′～60′之间，与分度线 34 重合时，读数为 30°34′，表示米字线反时针旋转了 30°34′。

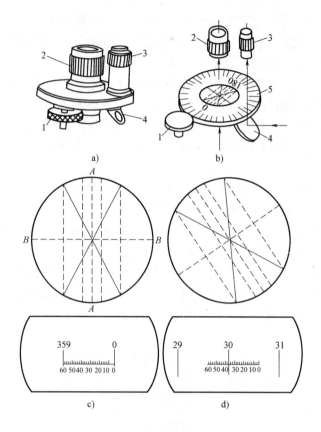

图 5-2 测角目镜及读数示例

a) 目镜外形 b) 目镜光路 c)、d) 读数示例

1—滚花轮 2—中央目镜 3—角度示值目镜 4—反射镜 5—圆分度盘

四、原理知识

螺纹零件是一种常见的机械零件。根据国家标准规定有联接螺纹、传动螺纹、管螺纹和专用螺纹。虽然螺纹种类很多，但其几何参数的表示方法是相同的，如图 5-3 所示。

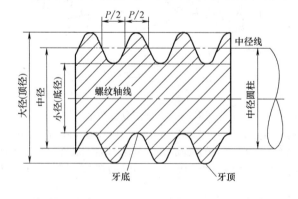

图 5-3 螺纹零件测量

大径 D（内螺纹），d（外螺纹）：与外螺纹牙顶或内螺纹牙底相切的假想圆柱或圆锥的

直径。

小径 D_1（内螺纹），d_1（外螺纹）：与外螺纹牙底或内螺纹牙顶相切的假想圆柱或圆锥的直径。

中径 D_2（内螺纹），d_2（外螺纹）：是指一个假想的圆柱或圆锥直径，该圆柱或圆锥的母线通过牙型上沟槽和凸起宽度相等的地方。

螺距 P：相邻两牙在中径线上对应两点间的轴向距离。

牙型角 α：在螺纹牙型上，两相邻牙侧间的夹角。

单一中径：是指一个假想的圆柱或圆锥直径，该圆柱或圆锥的母线通过牙型上沟槽宽度等于 $P/2$ 的地方。

作用中径：在规定的旋合长度内，恰好包容实际螺纹的一个假想螺纹的中径，这个假想螺纹具有理想的螺距、牙型半角以及牙型高度，并另在牙顶处和牙底处留有间隙，以保证包容时不与实际螺纹的大、小径发生干涉。

在工具显微镜上采用影像法测量螺纹时，由于螺纹表面为一螺旋面，如果测量时让立柱处于与工作台垂直的位置，则使两边焦距不等，从影屏上观察时，螺纹轮廓的影像会一边清晰另一边模糊。为了减少这种投影误差，得到清晰的影像，测量时必须将立柱倾斜一螺纹升角 φ。

φ 按下式计算

$$\varphi = \arctan \frac{nP}{\pi d_2} \tag{5-1}$$

式中　P——螺纹螺距（mm）；

　　d_2——螺纹中径的公称值（mm）；

　　n——螺纹线数。

1. 外螺纹中径 d_2 的测量

测量时，通过转动纵向千分尺和横向千分尺来移动工作台，使角度目镜中的 A—A 虚线与螺纹影像中牙型的一侧重合（见图 5-4），记下横向千分尺的第一次读数。然后将显微镜立柱反向倾斜一个螺纹升角 φ，转动横向测微鼓轮，使 A—A 虚线与对面对应的牙型轮廓重合，此时注意纵向测微鼓轮不可移动。记下横向测微鼓轮第二次读数。两次读数之差，即为螺纹的实际中径 d_2。由于工件安装于顶尖时可能有误差，即工件的轴心线和工作台纵向移动方向不重合，因而任意测量一个螺纹中径不正确，由图 5-4 可见 $d_{2左} < d_2$，$d_{2右} > d_2$，为了消除被测螺纹安装误差的影响，应分别测出 $d_{2左}$ 和 $d_{2右}$，取两次的平均值作为实际中径的测量结果：

$$d_{2实际} = \frac{d_{2左} + d_{2右}}{2}$$

2. 螺距累积误差的测量

测量螺距 P 时，先使角度示值目镜中的 A—A 虚线与螺纹影像中牙型的一侧平行且重合，记下纵向测微鼓轮的第一次读数。然后移动纵向工作台，使牙型移动几个螺距的长度，再次使 A—A 虚线与内侧牙型的影像重合，记下纵向测微鼓轮第二次读数，两次读数之差，即为 n 个螺距的实际长度（见图 5-5）。由于工件在安装时总有一定的误差存在，致使螺纹的轴心线方向与工作台的纵向移动方向不一致，从图 5-5 中可以看出，$P_{n右实} < P_{n右}$，$P_{n左实} >$

$P_{n右}$。为了减少安装误差的影响，在螺距测量时要同时测出 $P_{n右实}$ 和 $P_{n左实}$，取它们的平均值作为螺纹 n 个螺距的实际尺寸。

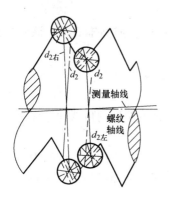

图 5-4　螺纹安装误差

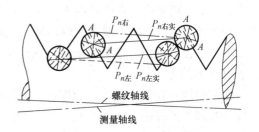

图 5-5　螺距累积误差

$$P_{n实} = \frac{P_{n左实} + P_{n右实}}{2}$$

n 个螺距的误差为

$$\Delta P' = P_n - P_{n公称}$$

依次测量螺纹全部连接长度上各螺牙螺距的误差，然后计算出螺距最大累积误差 ΔP

$$\Delta P = \Delta P_{max} - \Delta P_{min}$$

3. 螺纹牙型半角的测量

螺纹牙型半角 $\frac{\alpha}{2}$ 是指在螺纹牙型上，牙侧与螺纹轴线的垂线间的夹角。测量时，转动纵、横向测微鼓轮并调节目镜滚花轮，使角度示值目镜中的读数为 0°0′ 时，表示 A—A 虚线垂直于工作台纵向轴线。当 A—A 虚线与螺纹影像牙型的某一侧面平行且重合（见图 5-6）。此时，角度示值目镜中显示的读数，即为该牙侧的牙型半角数值。

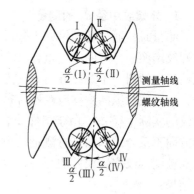

图 5-6　螺纹牙型半角的测量

为了消除被测螺纹安装误差影响，需分别测出 $\alpha/2$（Ⅰ），$\alpha/2$（Ⅱ），$\alpha/2$（Ⅲ），$\alpha/2$（Ⅳ）（见图 5-6）。并求出 $\alpha/2$（左），$\alpha/2$（右）

$$\frac{\alpha}{2}(左) = \frac{\frac{\alpha}{2}(Ⅰ) + \frac{\alpha}{2}(Ⅳ)}{2}$$

$$\frac{\alpha}{2}(右) = \frac{\frac{\alpha}{2}(Ⅱ) + \frac{\alpha}{2}(Ⅲ)}{2}$$

将 $\alpha/2$（左），$\alpha/2$（右）与牙型半角公称值（$\alpha/2$）比较，则得牙型角偏差为

$$\Delta\frac{\alpha}{2}(左) = \frac{\alpha}{2}(左) - \frac{\alpha}{2}$$

$$\Delta \frac{\alpha}{2}(右) = \frac{\alpha}{2}(右) - \frac{\alpha}{2}$$

牙型半角误差在中径上的当量值 $f_{\alpha/2}$（μm）按下面的精确公式计算

$$f_{\alpha/2} = 0.073P\left(K_1 \left|\Delta \frac{\alpha}{2}(左)\right| + K_2 \left|\Delta \frac{\alpha}{2}(右)\right|\right) \tag{5-2}$$

式中　$f_{\alpha/2}$——牙型半角误差在中径上的当量值（μm）；

　　　P——螺距（mm）；

　K_1、K_2——系数，当 $\Delta\alpha/2 > 0$ 时，为2，当 $\Delta\alpha/2 < 0$ 时，为3，α 单位为秒（′）。

为了使螺纹轮廓清晰，测量牙型半角时，同样要使立柱倾斜一个螺纹升角 φ。

五、实验步骤及要求

1. 擦净仪器顶尖及工件，并将工件安装在顶尖上（注意勿使工件掉在工作台玻璃上，以免冲毁玻璃）。

2. 根据仪器所附的专门表格选择适宜的光圈直径，调好光圈，并接通电源。

3. 转动横臂升降手轮，使目镜中影像清楚后，旋紧锁紧螺钉。按要求将立柱偏转螺纹升角 φ，转动焦距微动调节环至影像完全清楚为止。

4. 按前述方法测量工件的中径，螺距，牙型半角，填写实验报告。

5. 处理测量结果，最后计算出作用中径并判断中径是否合格。

六、思考题

1. 螺纹中径的合格条件是什么？

2. 在大型工具显微镜上测量螺纹时，为什么立柱要向左（右）倾斜一个螺纹升角 φ？

实验3　用三针法测量螺纹中径

用测针或测球测量螺纹中径是一种间接的测量方法，其测量结果是测量螺纹的单一中径。具体方法可分为单针（单球）法、双针（双球）法和三针（三球）法，一般多用测针，以三针法应用最为普遍，只有内螺纹测量才用测球。本实验利用三针法对外螺纹进行单一中径测量。

一、实验目的

1. 了解用三针法测量外螺纹中径的原理。

2. 练习用三计法测量外螺纹中径。

二、实验设备

螺纹塞规，杠杆千分尺，千分尺座，三针。

三、仪器说明

杠杆千分尺（见图5-7）由指示表和千分尺两部分组成，与普通千分尺不同之处主要是增加了一个微米数量级的齿轮——杠杆读数放大机构，按动按键 8，可使活动测量头 1 内缩，通过杠杆齿轮放大机构，带动指针 7 在扇形分度盘 5 上回转。锁紧环 9 用以锁紧微米测杆 2 使之固定。指示标 6（两个）在测量大批工件时用来标记公差的上下偏差位置，以提高测量效率。拧开罩盖 10 后用一专用拨片可调整两个指示标的位置，这时指针在两指示标之间即表示工件合格，而不用细看读数值。指示表内有一弹簧推动测量头 1 外伸，以产生测量力。

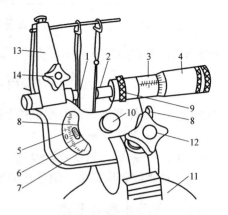

图 5-7　杠杆千分尺
1—活动测量头　2—测杆　3—固定刻度筒
4—转动刻度筒　5—分度盘　6—指示标
7—指针　8—按键　9—锁紧环　10—罩盖
11—尺座　12、14—螺钉　13—挂架

四、原理知识

用三针法测量外螺纹中径属于间接测量，其原理如图 5-8 所示，将三根精度很高，直径相同的量针放在被测螺纹直径两边的牙槽内，然后用具有两个平行测量面的计量器具，如杠杆千分尺，机械比较仪，光学比较仪或测长仪等测量出外尺寸 M，再根据被测螺纹的螺距 P，牙型半角 $\alpha/2$ 和量针直径 d_0 计算出螺纹中径 d_2。

由图 5-8 和图 5-9 可知

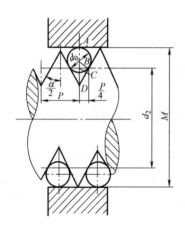

图 5-8　螺纹检测（一）

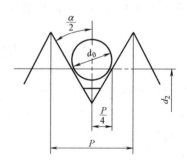

图 5-9　螺纹检测（二）

$$d_2 = M - 2\,\overline{AC} = M - 2(\overline{AD} - \overline{CD}) \tag{5-3}$$

$$\overline{AD} = \overline{AB} + \overline{BD} = \frac{d_0}{2} + \frac{d_0}{2\sin(\alpha/2)} = \frac{d_0}{2}\left(1 + \frac{1}{\sin(\alpha/2)}\right) \tag{5-4}$$

$$\overline{CD} = \frac{PC\tan(\alpha/2)}{4} \tag{5-5}$$

将式（5-4）和式（5-5）带入式（5-3）中得

$$d_0 = M - d_0\left(1 + \frac{1}{\sin(\alpha/2)}\right) + \frac{P}{2}\cot(\alpha/2) \tag{5-6}$$

对于米制螺纹，当 $\alpha = 60°$ 时，有

$$d_2 = M - 3d_0 + 0.866P \tag{5-7}$$

式中 M——测得值（mm）;

d_0——量针直径（mm）;

P——螺距（mm）。

为了避免牙型半角误差对测量精度产生影响，选择的量针直径应使量针放置在螺纹沟槽中与螺纹牙侧的接触点，就恰好在中径线上。此时的三针直径称为最佳三针直径。由图5-9可知，最佳三针直径 $d_{0最佳}$ 为

$$d_{0最佳} = \frac{P}{2\cos(\alpha/2)}$$

对于米制螺纹，当 $\alpha = 60°$ 时，$d_{0最佳} = 0.577P$。

实际工作中，如果成套的量针中没有最佳直径的量针，可选用与最佳直径相接近的量针直径来测量。量针的精度分成0级和1级两种，0级用于测量中径公差 $4\sim8\mu m$ 的螺纹塞规。1级用于测量中径公差大于 $8\mu m$ 的螺纹塞规或螺纹工件。

五、实验步骤及要求

1. 根据被测件螺距，计算最佳量针直径，选用最接近的量针。

2. 在尺座上安装好杠杆千分尺和量针。

3. 擦净量具和被测螺纹塞规，校正量具零位。

4. 将三个量针放入螺纹牙槽中，旋转杠杆千分尺的微分筒，使两端测量头与三个量针接触，然后测出 M 的大小。

5. 在同一截面相互垂直的两个方向上测出 M 值，并按平均值计算出螺纹中径，最后作出螺纹塞规中径合格性结论。

六、思考题

1. 用三针法测得的螺纹中径是否是作用中径？

2. 用三针法测量螺纹中径属于何种测量方法？

第六部分　齿　轮　测　量

　　齿轮在机械产品中的主要作用是传递运动和动力，不同的应用场合，对齿轮传动的要求也不一样，但归纳起来主要有以下四项：传动的准确性、传动的平稳性、载荷分布的均匀性、传动侧隙。为了评定齿轮的加工质量，国家标准规定了齿轮的误差项目。目前，齿轮测量的方法有以测量齿廓、螺旋线和齿距等的单项误差测量和以测量切向综合偏差、径向综合偏差等的综合误差测量，以及齿轮整体误差测量。

　　综合误差是通过被测齿轮与测量元件作连续啮合转动来实现的，因此综合误差测量更接近实际使用状态，能较全面地反映出齿轮的使用质量，测量效率高。

　　GB/T 10095—2008 中规定齿轮的综合误差有 4 项：切向综合总偏差 F_i'，一齿切向综合偏差 f_i'，如图 6-1 所示；径向综合总偏差 F_i''，一齿径向综合偏差 f_i''，如图 6-2 所示。其中 F_i' 和 f_i' 的测量为单面啮合综合测量，F_i'' 和 f_i'' 的测量为双面啮合综合测量。

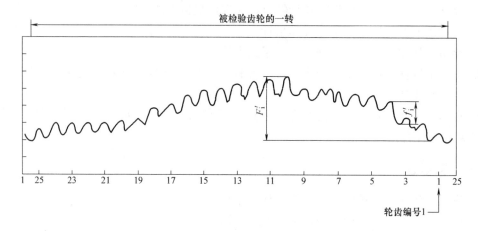

图 6-1　切向综合偏差

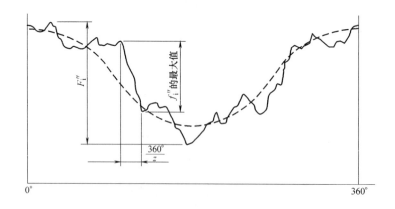

图 6-2　径向综合偏差

一、单面啮合综合测量

齿轮的单面啮合综合的方法是：被测齿轮与理想精确的测量齿轮（可用齿条、蜗杆等测量元件代替）在公称中心距安装下，作有侧隙的单面啮合转动时，测量被测齿轮的实际转角与仪器标准传动链所形成的理论转角的差值，通过记录器或其他显示装置，记录出误差曲线或显示出偏差数值。单面啮合综合测量所用的仪器称为单面啮合综合测量仪（简称单啮仪）。

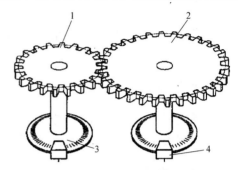

图 6-3　光栅式单啮仪基本原理
1—被测齿轮　2—标准尺轮　3—圆光栅　4—读数头

1. 单啮仪的测量原理

如图 6-3 所示，按公称中心距安装的两齿轮，做有侧隙的单面啮合转动。与齿轮同轴安装的测角传感器分别测量两个齿轮的实际转角。设 θ_1、θ_2 分别为输入、输出端的位移（角位移或线位移），输入、输出端之间的理论传动比为 i，如以输入端的位移 θ_1 作为基准，则输出端的理论位移 $\theta_2' = \theta_1/i$，输出端的实际位移 θ_2 与理论位移 θ_2' 的差值 δ 即为传动误差。如果其中一个齿轮是测量元件，那么传动误差即为被测齿轮的切向综合偏差。

2. 常用测量仪器

根据所采用的精确测量元件的不同，单啮仪又可分为：标准蜗杆式单啮仪、标准齿轮式单啮仪和标准齿条式单啮仪。目前，国内最常用的是蜗杆作为测量元件的光栅式单啮仪，国外最常用的是以齿轮作为测量元件的光栅式单啮仪。其中较为典型的有我国生产中应用较广的 CD320G-B 型光栅式单啮仪及 Gleason 的 CSF/2（592）型光栅式单啮仪。

二、双面啮合综合测量

齿轮双面啮合综合测量的方法是：被测齿轮与理想精确的测量齿轮作无侧隙的双面啮合转动时，测量其中心距的变动量（称为双啮中心距变动量），由记录器绘出偏差曲线或由指示器指出偏差数值。

齿轮双面啮合是以被测齿轮回转轴线为基准，用径向拉力弹簧使被测齿轮与测量齿轮作无侧隙的双面啮合传动，被测齿轮的双啮偏差转化为中心距的连续变动记录成径向综合曲线。

如图 6-4 所示，在一个基座上，安装有一个固定测量架和一个浮动测量

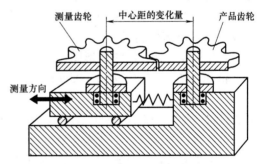

图 6-4　双啮测量原理

架，标准齿轮安装在固定测量架的心轴上，被测齿轮安装在浮动测量滑架的心轴上。当被测齿轮和标准齿轮进行无侧隙啮合转动时，被测齿轮齿形、齿距或者节线偏心的误差都会导致双啮仪中心距发生变动，其变动量由数字指示表进行记录处理。

实验 1　齿距偏差与齿距累积偏差的测量

一、实验目的

1. 熟悉测量齿轮齿距偏差与齿距累积偏差的方法。
2. 加深理解齿距偏差与齿距累积偏差的定义。

二、实验内容

1. 熟悉周节仪或万能测齿仪测量圆柱齿轮齿距相对偏差的方法。
2. 掌握列表计算法或作图法求解齿距偏差和齿距累积偏差的方法。

三、实验设备

周节仪、万能测齿仪

四、仪器说明

齿距偏差 f_{pt} 是指在分度圆上，实际齿距与公称齿距之差（用相对法测量时，公称齿距是指所有实际齿距的平均值）。齿距累积偏差 F_p 是指在分度圆上，任意两个同侧齿面间的实际弧长与公称弧长之差的最大绝对值，即最大齿距累积偏差（F_{pmax}）与最小齿距累积偏差（F_{pmin}）之代数差，它是评定齿轮运动精度的指标之一。

在实际测量中，通常采用某一齿距作为基准齿距，测量其余的齿距对基准齿距的偏差。然后，通过数据处理来求解齿距偏差 f_{pt} 和齿距累积偏差 F_p，测量应在齿高中部同一圆周上进行，这就要求保证测量基准的精度。而齿轮的测量基准可选用齿轮的内孔、齿顶圆或齿根圆。为了使测量基准与装配基准一致，以内孔定位最好。用齿顶圆定位时，必须控制齿顶圆对内孔的轴线的径向跳动。在生产中，根据所用量具的结构来确定测量基准。

用相对法测量齿距相对偏差的仪器有周节仪和万能测齿仪。

1. 用手持式周节仪测量

图 6-5 为手持式周节仪的外形图，它以齿顶圆作为测量基准，指示表的分度值为 0.005mm，测量模数范围 3～15mm。

周节仪有三个定位脚用以支承仪器。测量时，调整定位脚的相对位置，使测量头 2 和 3 在分度圆附近与齿面接触。固定测量头 2 按被测齿轮模数来调整位置，活动测量头 3 则与指示表 7 相连。测量前，将两个定位脚 4、5 前端的定位爪紧靠齿轮端面，并使它们与齿顶圆接触，再用螺钉 6 紧固。然后将辅助定位脚 8 也与齿顶圆接触，同样用螺钉固紧。以被测齿轮的任一齿距作为基准齿距，调整指示表 7 的零位，并且把指针压缩 1～2 圈。然后，逐齿测量其余的齿距，指示表读数即为这些齿距与基准齿距

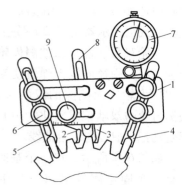

图 6-5　手持式周节仪

1—支架　2—固定测量头
3—活动测量头　4、5、8—定位脚
6—螺钉　7—指示表　9—紧固螺钉

之差。

2. 用万能测齿仪测量

万能测齿仪是应用比较广泛的齿轮测量仪器，除测量圆柱齿轮的齿距、基节、齿圈径向跳动和齿厚外，还可以测量锥齿轮和蜗轮。其测量基准是齿轮的内孔。

图 6-6 所示为万能测齿仪外形图。仪器的弧形支架 7 可绕基座 1 的垂直轴心线旋转，安装被测齿轮心轴的顶尖装在弧形架上，支架 2 可以在水平面内作纵向和横向移动，工作台装在支架 2 上，工作台上装有能够作径向移动的滑板 4，锁紧装置 3 可将滑板 4 固定在任意位置上，当松开锁紧装置 3，靠弹簧的作用，滑板 4 能匀速地移到测量位置，这样就能进行逐齿测量。测量装置 5 上有指示表 6，其分度值为 0.001mm。用这种仪器测量齿轮齿距时，其测量力靠装在齿轮心轴上的重锤来保证，如图 6-7 所示。

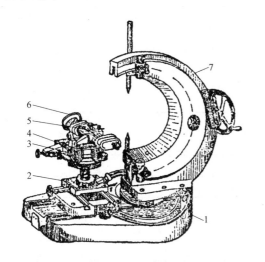

图 6-6　万能测齿仪

1—基座　2—支架　3—锁紧装置　4—滑板
5—测量装置　6—指示表　7—弧形支架

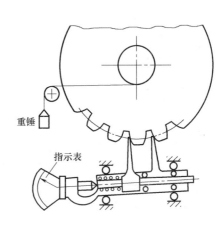

图 6-7　万能测齿测量力的施加原理

测量前，将齿轮安装在两顶尖之间，调整测量装置，使球形测量爪位于齿轮分度圆附近，并与相邻两个同侧齿面接触。选定任一齿距作为基准齿距，将指示表调零。然后逐齿测量其余齿距对基准齿距之差。

五、测量步骤及要求

1. 用手持式周节仪测量的步骤（见图 6-5）

1）调整测量头的位置。将固定测量头 2 按被测齿轮模数调整到模数标尺的相应刻线上，然后用紧固螺钉 9 紧固。

2）调整定位脚的相对位置。调整定位脚 4 和 5 的位置，使固定测量头 2 和活动测量头 3 在齿轮分度圆附近与两相邻同侧齿面接触，并使两接触点分别与两齿顶距离接近相等，然后用螺钉 6 固紧。最后调整辅助定位脚 8，并用螺钉固紧。

3）调节指示表零位。以任一齿距作为基准齿距（注上标记），将指示表对准零位，然后将仪器测量爪稍微移开轮齿，再重新使它们接触，以检查指示表示值的稳定性。这样重复三次，待指示表稳定后，再调节指示表对准零位。

4）逐齿测量各齿距的相对偏差，并将测量结果计入表中。

5）处理测量数据。

齿距累积误差可以用计算法或作图法求解。下面以实例说明。

1）用计算法处理测量数据。为计算方便，可以列成表格形式（见表6-1）。将测得的齿距相对偏差（$f_{pt相对}$）记入表中第二列（即指示表读数）。根据测得的$f_{pt相对}$，逐齿累计，计算出相对齿距累积偏差（$\sum_1^n f_{pt相对}$），记入第三列。

表6-1　数据计算　　　　（单位：μm）

一	二	三	四	五
齿　序	单个齿距相对偏差	相对齿距累积偏差	齿序与平均值的乘积	绝对齿距累积偏差
n	$f_{pt相对}$	$\sum_1^n f_{pt相对}$	nK	$\sum_1^n f_{pt相对} - nK$
1				
2				
3				
4				
5				
6				
7				
8				
9				
10				
11				
12				

$$K = \sum_1^n f_{pt相对}/z =$$

$$F_p =$$

计算基准齿距对公称齿距的偏差，因为第一个齿距是任意选定的，假设它对公称齿距的偏差为K（μm），以后每测一齿都引入了该偏差K，K的值为各个齿距相对偏差的平均值，按式（6-1）计算

$$K = \sum_1^n f_{pt相对}/z \tag{6-1}$$

式中　z——齿轮的齿数。

按齿轮序号计算K的累加值nK，计入表中第四列。由第三列减去第四列，求得各齿的绝对齿距累积偏差（$F_{p绝对}$），计入第五列。$F_{p绝对}$按式（6-2）计算

$$F_{p绝对} = \sum_1^n f_{pt相对} - nK \tag{6-2}$$

第五列中的最大值与最小值之差，即为被测齿轮的齿距累积偏差 F_p。

根据 GB/T 10095.1—2008 查出齿距累积偏差 F_p，判断被测齿轮的适用性。

各齿距相对偏差分别减去 K 值，其中最大的绝对值，即为被测齿轮的单个齿距偏差 (f_{pt})。

2）用作图法处理测量数据。以横坐标代表齿序，纵坐标代表相对齿距累积误差，绘出如图 6-8 所示的曲线。连接曲线首末两点的直线作为相对齿距累积偏差的坐标线。然后，从折线的最高点与最低点分别作平行于上述坐标线的直线。这两条平行直线间在纵坐标上的距离即为齿距累积偏差 F_p。

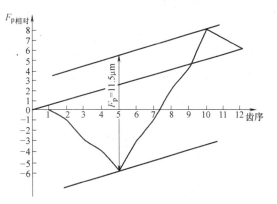

图 6-8　作图法处理测量数据

2. 用万能测齿仪测量的步骤

1）擦净被测齿轮，然后把它安装在仪器的两顶尖上。

2）调整仪器，使测量装置上两个测量头进入齿间，在分度圆附近与相邻两个同侧齿面接触。

3）在齿轮心轴上挂上重锤，使轮齿紧靠在定位头上。

4）测量时先以任一齿距为基准齿距，调整指示表的零位。然后将测量头反复退出与进入被测齿面，以检查指示表示值的稳定性。

5）退出测量头，将齿轮转动一齿，使两个测量头与另一对齿面接触，逐齿测量各齿距，从指示表读出齿距相对偏差 $f_{pt相对}$。

6）处理测量数据。

7）从 GB/T 10095.1—2008 查出齿轮齿距累积公差 F_p，判断被测齿轮的适用性。

六、思考题

1. 用周节仪和万能测齿仪测量齿轮齿距时，各选用齿轮的什么表面作为测量基准？哪一种较好？

2. 测量齿距累积偏差 F_p 与齿距偏差 f_{pt} 的目的是什么？

3. 若因检验条件的限制，不能测量齿距累积偏差 F_p，可测量哪些项目来代替？

实验 2　齿轮齿厚偏差测量

一、实验目的

1. 掌握测量齿轮齿厚的方法。
2. 加深理解齿轮齿厚偏差的定义。

二、实验内容

用齿轮游标尺测量齿轮的齿厚偏差。

三、实验设备

齿轮游标卡尺、齿轮

四、仪器说明

齿厚偏差 ΔE_s 是指在分度圆柱面上，法向齿厚的实际值与公称值之差。

图6-9为测量齿厚偏差的齿轮游标尺。它由两套相互垂直的游标尺组成。垂直游标尺用于控制测量部位（分度圆至齿顶圆）的弦齿高 h_f，水平游标尺用于测量所测部位（分度圆）的弦齿厚 s_f（见图6-10）。齿轮游标尺的分度值为 0.02mm，其原理和读数方法与普通游标卡尺相同。

用齿轮游标尺测量齿厚偏差，是以齿顶圆为基础的。当齿顶圆直径为公称值（见图6-10）时，直齿圆柱齿轮分度圆处的弦齿高 h_f 和弦齿厚 s_f 分别为

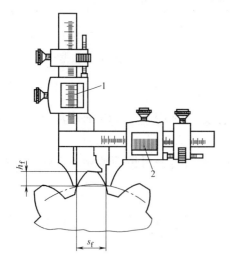

图6-9　齿轮游标尺

1—垂直游标尺　2—水平游标尺

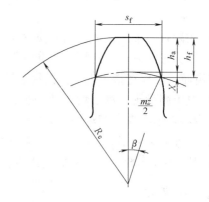

图6-10　齿廓简图

$$h_f = h_a + x = m + \frac{zm}{2}\left(1 - \cos\frac{90°}{z}\right) \tag{6-3}$$

$$s_f = zm\sin\frac{90°}{z} \tag{6-4}$$

式中　m——齿轮模数（mm）；

z——齿轮齿数；

h_a——齿顶高。

当齿轮为变位齿轮且齿顶圆直径有误差时，分度圆处的弦齿高 h_f 和弦齿厚 s_f 应按下式计算：

$$h_f = m + \frac{zm}{2}\left[1 - \cos\left(\frac{\pi + 4\xi\tan\alpha}{2z}\right)\right] - (R_e - R'_e) \tag{6-5}$$

$$s_f = zm\sin\left[\frac{\pi + 4\xi\sin\alpha}{2z}\right] \tag{6-6}$$

式中　ξ——变位系数；

　　　α——齿形角（°）；

　　　R_e——齿顶圆半径的公称值；

　　　R_e'——齿顶圆半径的实际值。

五、测量步骤及要求

1）用外径千分尺测量齿顶圆的实际直径。

2）计算分度圆处弦齿高 h_f 和弦齿厚 s_f（可从表 6-2 中查出）。

表 6-2　$m=1$ 时分度圆弦齿高和弦齿厚的数值

z	$z\sin\dfrac{90°}{z}$	$1+\dfrac{z}{2}\left(1-\cos\dfrac{90°}{z}\right)$	z	$z\sin\dfrac{90°}{z}$	$1+\dfrac{z}{2}\left(1-\cos\dfrac{90°}{z}\right)$	z	$z\sin\dfrac{90°}{z}$	$1+\dfrac{z}{2}\left(1-\cos\dfrac{90°}{z}\right)$
11	1.5655	1.0560	29	1.5700	1.0213	47	1.5705	1.0131
12	1.5663	1.0513	30	1.5701	1.0205	48	1.5705	1.0128
13	1.5669	1.0474	31	1.5701	1.0199	49	1.5705	1.0126
14	1.5673	1.0440	32	1.5702	1.0193	50	1.5705	1.0124
15	1.5679	1.0411	33	1.5702	1.0187	51	1.5705	1.0121
16	1.5683	1.0385	34	1.5702	1.0181	52	1.5706	1.0119
17	1.5686	1.0363	35	1.5703	1.0176	53	1.5706	1.0116
18	1.5688	1.0342	36	1.5703	1.0171	54	1.5706	1.0114
19	1.5690	1.0324	37	1.5703	1.0167	55	1.5706	1.0112
20	1.5692	1.0308	38	1.5703	1.0162	56	1.5706	1.0110
21	1.5693	1.0294	39	1.5704	1.0158	57	1.5706	1.0108
22	1.5694	1.0280	40	1.5704	1.0154	58	1.5706	1.0106
23	1.5695	1.0268	41	1.5704	1.0150	59	1.5706	1.0104
24	1.5696	1.0257	42	1.5704	1.0146	60	1.5706	1.0103
25	1.5697	1.0247	43	1.5705	1.0143	61	1.5706	1.0101
26	1.5698	1.0237	44	1.5705	1.0140	62	1.5706	1.0100
27	1.5698	1.0228	45	1.5705	1.0137	63	1.5706	1.0098
28	1.5699	1.0220	46	1.5705	1.0134	64	1.5706	1.0096

注：对于其他模数的齿轮的弦齿高和弦齿厚，可将表中的数值乘以模数。

3）按 h_f 值调整齿轮游标尺的垂直游标尺。

4）将齿轮游标尺置于被测齿轮上，使垂直游标尺的高度尺与齿顶相接触。然后，移动水平游标尺的卡脚，使卡脚靠紧齿廓。从水平游标尺上读出弦齿厚的实际尺寸（用透光法判断接触情况）。

5）分别在圆周上间隔相同的几个轮齿上进行测量。

6）按齿轮图样标注的技术要求，确定齿厚上极限偏差 E_{sns} 和下极限偏差 E_{sni}，判断被测齿厚的适用性。

六、思考题

1. 测量齿轮齿厚偏差的目的是什么？
2. 齿厚极限偏差（E_{sns}、E_{sni}）和公法线长度极限偏差（E_{bns}、E_{bni}）有何关系？
3. 齿厚的测量精度与哪些因素有关？

实验 3　齿轮齿圈径向跳动的测量

一、实验目的

1. 熟悉齿轮齿圈径向跳动 F_r 的测量方法。
2. 加深理解齿轮齿圈径向跳动的意义及其在齿轮传动中的影响。
3. 学习偏摆检查仪的应用与操作。

二、实验设备

偏摆检查仪指示表及表架、检验棒、圆柱件、被测齿轮。

三、原理知识

1. 测量原理

齿轮齿圈径向跳动 F_r 是在齿轮旋转一周时，将一个适当的测量头，逐齿地放置于每个齿槽中，测量头位置相对于齿轮的基准轴线的最大和最小径向位置之差。

通常，测量头在齿槽中与齿的两侧都接触。在测量齿圈径向跳动时，要尽量排除由切向误差对径向误差的影响，故必须选择适当的测量头。常用测量头的形状有三种（图 6-11）：①圆锥形测量头，与齿槽固定弦接触测量，圆锥角 $2\alpha = 40°$，这种测量头不受被测齿轮模数和齿数的影响；②V 形测量头，与轮齿固定弦接触测量；③球形测量头，与齿槽在固定弦或在分度圆处接触进行测量。确定测球直径 d_p 时，设测球与两齿侧接触点位于被测齿轮的分度圆上，则可得测球的计算公式如下：

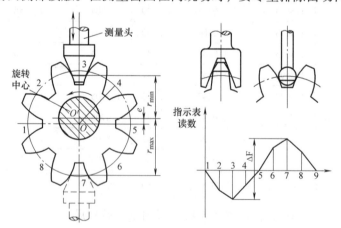

图 6-11　齿轮齿圈径向跳动

$$d_p = mz\sin(90°/z)/\cos(\alpha + 90°/z)$$

当 $\alpha = 20°$，$z = 15 \sim 200$ 时，$d_p = (1.68 \sim 1.75)\ m$，一般取 $d_p = 1.68m$。

2. 仪器说明

齿圈径向跳动 F_r 的测量，可用万能测齿仪或利用普通偏摆检查仪及指示表进行，如图 6-12 所示。

四、实验步骤及要求

1）根据被测齿轮的模数计算选择合适直径的圆柱测量头。

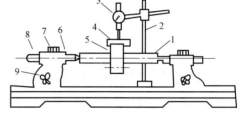

2）按图 6-12 所示将仪器调整好。使指示表下端与圆柱接触，将指示表调零，这时指示表应有 1 ~ 1.5 圈的压缩量。

3）顺序测量各个轮齿，依次将圆柱测量头插入齿槽中，用手指压紧圆柱测量头使之平稳；转动齿轮使表头与圆柱测头接触。记录指示表指针的最大示数。

图 6-12　万能测齿仪外形

1—检验棒　2—表架　3—指示表
4—圆柱测量头　5—被测齿轮　6—顶尖座
7—锁紧螺钉　8—顶尖　9—锁紧手柄

4）在所有轮齿内指示表的最大读数和最小读数之差即为齿轮齿圈径向跳动 F_r 值。

5）根据齿轮的技术要求，查出齿圈径向跳动公差，当 F_r 在公差范围之内为合格。

五、思考题

1. 齿轮齿圈径向跳动 F_r 产生的原因是什么？它对齿轮传动有什么影响？

2. 齿轮齿圈径向跳动 F_r 能反映切向误差吗？为什么？

实验 4　齿轮公法线长度变动量及公法线平均长度偏差的测量

一、实验目的

1. 熟悉齿轮公法线长度的测量方法。
2. 加深理解公法线平均长度偏差 ΔE_{Wm} 与公法线长度变动量 ΔF_W 的定义及测量目的。
3. 了解 ΔF_W 及 ΔE_W 对齿轮传动的影响。

二、实验内容

用公法线指示千分尺测量齿轮公法线平均长度偏差和公法线长度变动。

三、实验设备

公法线指示千分尺、被测件。

四、原理知识

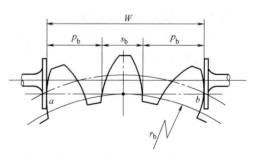

渐开线齿轮的公法线长度是指与两个异侧齿面相切的两平行平面间的距离 W（见图 6-13）。两切点 a、b 的连线是两齿面共同的法线，又是齿轮基圆的切线。因此公法线长

图 6-13　齿轮的公法线长度

度 W 等于 $(n-1)$ 个基节 p_b 加一个基圆齿厚 s_b，n 是公法线长度所包含的齿数。测量齿轮公法线实际长度需要确定两个项目：在齿轮一周范围内，实际公法线长度的最大值与最小值之差，称为公法线长度变动 ΔF_W；公法线长度的平均值与公称值之差，称为公法线平均长度偏差 ΔE_{Wm}，它与齿厚偏差有关，因此可以用来评定齿侧间隙。而公法线长度变动 ΔF_W 能部分地表明齿轮传动时啮合线长度的变动；故可用来评定齿轮的运动精度。

五、测量步骤及要求

1. 确定公法线公称长度 W 及跨齿数 n

对于直齿圆柱变位齿轮，其公法线长度计算公式为

$$W = m\cos\alpha[\pi(n-0.5) + zx \cdot \tan\alpha + z\text{inv}\alpha]$$

式中，m——齿轮模数；

　　　α——压力角；

　　　x——变位系数；

　　　z——齿轮齿数；

　　　n——跨齿数。

　　　$\text{inv}\alpha = \tan\alpha - \alpha$

当 $\alpha = 20°$，$\xi = 0$ 时

$$W = m\cos\alpha[\pi(n-0.5) + 2z\text{inv}\alpha] = m[2.952(n-0.5) + z \times 0.014]$$

令 $K = 2.952(n-0.5) + z \times 0.014$

对非修正齿数 $W = m \cdot K$

通常情况下，当 $\alpha = 20°$ 时，跨齿数 $n = \dfrac{z}{9} + 0.5$，取整。

2. 调整仪器

图 6-14 所示为公法线指示千分尺，测量前应用脱脂棉沾汽油清洗公法线指示千分尺的测量头的测量面，旋进手柄 1，使修正值为零，如不为零可用扳子调整手柄 1 使修正值为零，即指示表读数和千分尺的读数都为零。把千分尺调整到公法线的公称尺寸附近，插入齿槽，使测量头分别与轮齿在齿高的 1/2 处接触，测量时即不能测齿根也不能测齿顶，应使千分尺水平而略微下坠，再从千分尺和指示表上读出被测实际公法长度 W。

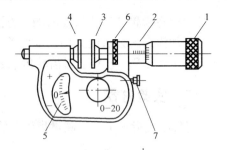

图 6-14　公法线指示千分尺
1—手柄　2—千分尺部分　3—固定测量头
4—活动测量头　5—指示表　6—锁紧螺母
7—按钮（压下时可使活动测量头张开）

3. 测量公法线平均长度偏差 ΔE_{Wm}

使公法线指示千分尺的两测量头与被测齿轮的齿廓在分度圆处相接触，沿齿圈等距测量 5 个以上的位置（最好测全齿圈值）。测量时应轻轻左右摇动公法线指示千分尺，按指针移动的转折点（最小值）读数。此值即为公法线实际长度，公法线平均长度偏差 $\Delta E_{Wm} = \dfrac{1}{z}\sum\limits_{i=1}^{z} W_i - W_{公称}$。即 $\Delta E_{Wm} = W_{平均} - W_{公称}$，其值为负值，应在平均长度的上极限偏差 E_{Ws} 和下极限偏差 E_{Wi} 之间。

4. 测量公法线长度变动量 ΔF_W

利用已调好的公法线指示千分尺，依次沿整个齿圈进行测量，在所有读数中最大值和最小值之差即为公法线长度变动量 ΔF_W，$\Delta F_W = W_{max} - W_{min}$，其值应小于公法线长度变动公差 F_W。

5. 计算公法线平均长度极限偏差

根据齿轮的技术要求，查出公法线变动公差 F_W，齿圈径向跳动公差 F_r，齿厚上极限偏差 E_{ss} 和齿厚下极限偏差 E_{si}。按下式计算公法线平均长度的上极限偏差 E_{Ws} 和下极限偏差 E_{Wi}。

$$E_{Ws} = E_{ss}\cos\alpha - 0.72F_r\sin\alpha$$

$$E_{Wi} = E_{ss}\cos\alpha + 0.72F_r\sin\alpha$$

当 $\alpha = 20°$ 时，有

$$E_{Ws} = 0.94E_{ss} - 0.25F_r$$

$$E_{Wi} = 0.94E_{ss} + 0.25F_r$$

按 $\Delta F_W \leqslant F_W$ 和 $E_{Wi} \leqslant \Delta E_{Wm} \leqslant E_{Ws}$ 判断合格性。

六、思考题

1. 求 ΔF_W 和 ΔE_{Wm} 的目的有何不同？

2. 为什么 ΔF_W 只能反映齿轮的运动偏心？

实验5　用基节仪测量齿轮基圆齿距偏差

一、实验目的

1. 学会基节测量仪器的调整和使用。

2. 理解齿轮基圆齿距偏差的实际含义和作用。

3. 熟悉齿轮基圆齿距偏差定义及合格条件判断。

二、实验设备

基节测量仪、齿轮

三、原理知识

齿轮基圆齿距偏差（又称基节）Δf_{pb} 是实际基节与公称基节之差（见图 6-15）。此基节不是在基圆柱上测量，而是在基圆柱的切平面上测量。实际基节是指基圆柱切平面与两相邻同侧齿面相交线之间的法向距离，只能在两相邻齿面的重叠区内取得（图 6-15 中 φ 角区内）。公称基节在数值上等于基圆柱上的齿距 p_b。当压力角 $\alpha = 20°$，齿轮模数为 m 时，$p_b = \pi m\cos\alpha = 2.9521m$。

测量基节偏差的原理如图 6-16 所示。测量头 1 和 2 的工作面均面向齿轮，与相邻两齿面接触时，两测头之间的距离表示实际基节，另用量块（尺寸等于公称基节）来校准，指

示表上两读数之差即为基节偏差。定位头 3 用来保证两测头与齿面接触点落在重叠区内。

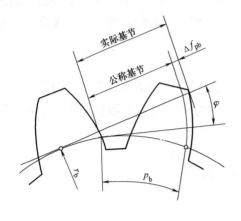

图 6-15　基节偏差

图 6-16　基节偏差测量
1、2—测量头　3—定位头　4—指示表

四、仪器说明

　　测量基节偏差的仪器有基节仪和万能测齿仪。图 6-17 所示为基节仪及调零用量块夹。基节仪上固定测量头 1 和定位头 3 在一个部件上，其跨度用螺杆 8 调节，螺杆 7 可使此部件沿壳体 5 平移。活动测量头 2 的摆动通过杠杆传给指示表 4。测量头 1 和 2 的间距靠量块夹和量块组 10 校准达到公称基节。

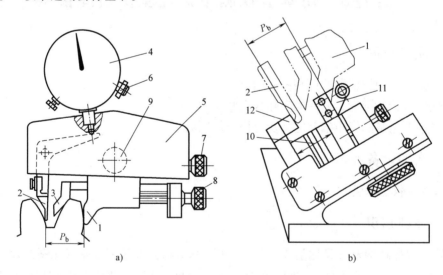

a)　　　　　　　　　　　　　　　b)

图 6-17　基节仪及量块
1—固定测量头　2—活动测量头　3—定位头　4—指示表　5—壳体　6—微动小轮
7、8—螺杆　9—夹紧螺钉　10—量块组　11、12—量块夹上测量头

　　基节仪测量齿轮的模数范围为 $m = 1 \sim 16$mm。指示表的分度值为 1μm，示值范围为 ±0.06mm。

五、测量步骤及要求

1. 根据齿轮的模数按公式计算公称基节值，按此值选用量块组，装入量块夹中，用螺钉固紧。然后，将基节仪的固定测量头 1 插入量块夹上测量头 11 中，使两测头的平面紧贴，转动基节仪上的螺杆 7，使测头 2 与测头 12 接触，直到指示表上指针为零，拧紧基节仪背面的螺钉 9，再转动微动小轮 6，使指针对准零位。

2. 右手握住基节仪，使测量头 1 和定位头 3 架在一齿的上部，转动螺杆 8，使测量头 1 和 2 与齿面接触点处在重叠区内。右手微摆基节仪，使测量头 2 沿齿面上下滑动，当测量头 1 和 2 的间距最小时，从表上读取指针转折点处的读数，即得基节偏差 Δf_{pb}。

3. 在齿轮圆周三等分处测量左、右齿廓的基节偏差，用以代表齿轮上各齿的基节偏差。

4. 根据齿轮的技术要求，查出基节的极限偏差 Δf_{pbmin}、Δf_{pbmax}。按 $-f_{pb} \leqslant \Delta f_{pbmin}$，$\Delta f_{pbmax} \leqslant +f_{pb}$ 判断齿轮合格性。

六、思考题

1. 基节偏差用于评定齿轮的哪项指标？
2. 产生基节偏差的主要原因是什么？

实验 6　用齿轮跳动检查仪测量螺旋线偏差

一、实验目的

1. 了解齿轮跳动检查仪的操作方法。
2. 熟悉螺旋线偏差定义及设计螺旋线。

二、实验内容

用齿轮跳动检查仪测量直齿螺旋线偏差。

三、实验设备

齿轮跳动检查仪、齿轮

四、原理知识

螺旋线偏差 F_β 是在计值范围 L_β 内，包容实际螺旋线迹线的两条设计螺旋线间的距离（见图 6-18）。

对于直齿圆柱齿轮，一般情况下，设计螺旋线是平行于齿轮轴线的直线，实际螺旋线是与齿轮轴线不平行的直线或曲线。

螺旋线偏差 F_β 的存在，影响齿轮的承载均匀性，齿面受力不均匀，造成局部磨损，影响齿轴的使用寿命。因此必须严格控制齿轮的螺旋线偏差 F_β。

螺旋线偏差可用具有纵向导轨的顶尖测量（见图 6-19），指示表带着杠杆测量头一起沿平行于轴线的方向移动，测头与齿面接触，从 a 点到 b 点，指示表指针示值变动量即为螺旋线偏差。

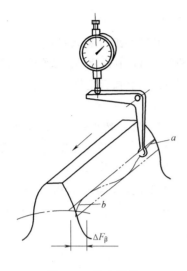

图 6-18　齿向误差

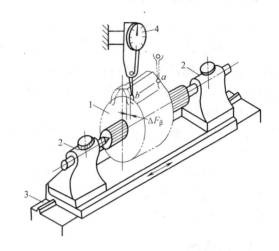

图 6-19　在具有纵向导轨的顶尖上测量齿向误差
1—被测齿轮　2—顶尖　3—导轨　4—指示表

五、仪器说明

测量直齿圆柱齿轮的螺旋线偏差可用齿轮跳动检查仪，也可在万能工具显微镜上利用光学灵敏杠杆测量，甚至可在精密车床或磨床上进行测量。

本实验利用齿轮跳动检查仪（见图 6-20）测量直齿圆柱齿轮的螺旋线偏差。将此仪器上的指示表换用杠杆千分表。安装杠杆千分表时，要使测量头摆动方向符合螺旋线偏差 F_β 的方向。

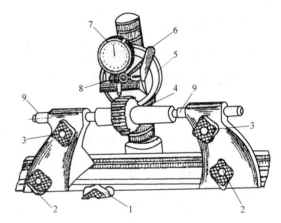

图 6-20　齿轮跳动检查仪
1—手轮　2、3—螺钉　4—螺母　5—可转测量架
6—拨杆　7—杠杆千分表　8—夹头　9—顶尖

六、测量步骤及要求

1）将被测齿轮套在心轴上（无间隙），一手托住齿轮，送到齿轮跳动检查仪的顶尖间；另一手推动顶尖顶紧心轴，使心轴可以转动，但不能沿轴向晃动，随即用螺钉夹紧顶尖，之后托齿轮的手方可松开。

2）旋转手轮，移动滑板，使测量头从齿轮端面进入齿槽约 2～3mm。搬动拨杆放下杠杆千分表，调节表架上下位置（勿转动），同时转动齿轮，使杠杆千分表的测量头接触齿轮分度圆处齿面（一般凭眼力估计调到齿全高中部），使表针预压半圈。

3）慢转手轮，移动滑板，使测量头对准齿面，从 a 点移到 b 点，或从 b 点移到 a 点，如图 6-19 所示，读出杠杆千分表上示值的变动量，作为该齿面的螺旋线偏差。a 和 b 点各离端部约2mm，以让开倒角部分。然后反转齿轮，让另一齿面与测量头接触，用同样方法测量这个齿面的螺旋线偏差。

4）测完一齿槽的两齿面后，移动滑板和齿轮，使测量头从齿槽中退出至端面之外，再转动齿轮，反转滑板，使测量头进入下一个齿槽，测量两面的螺旋线偏差。如此逐次测量各齿面的螺旋线偏差，取其中数值最大的作为齿轮的螺旋线偏差 F_β。为了减少测量工作量，只测齿轮圆周上三处齿槽（大致三等分）的螺旋线偏差，取其最大者代表齿轮的齿向误差。

5）根据齿轮的技术要求，查出螺旋线偏差 F_β。按 $\Delta F_{\beta max} \leqslant F_\beta$ 判断合格性。

七、思考题

1. 产生螺旋线偏差的原因是什么？
2. 用接触斑点法怎样判断齿轮载荷分布的均匀程度？

实验7*   齿轮综合偏差测量

一、实验目的和要求

1. 了解齿轮整体误差测量原理和测量方法，学会分析整体误差曲线。
2. 加深理解齿轮径向综合偏差与切向综合偏差定义。

二、实验内容

齿轮综合测量能连续地反映整个齿轮啮合点上某些误差，本实验介绍径向综合总偏差 F_i'' 和切向综合总偏差 F_i' 的测量方法。

三、实验设备

双面啮合综合检查仪、齿轮

四、仪器说明

1. 径向综合偏差测量仪及测量原理

径向综合总偏差 F_i'' 是指被测齿轮与理想精确的测量齿轮双面啮合时，在被测齿轮一转内，双啮中心距的最大值与最小值之差。一齿径向综合偏差 f_i'' 是指被测齿轮与理想的测量齿轮双面啮合时，在被测齿轮一周节角内，双啮中心距变动的最大值。

图6-21所示为双面啮合综合检查仪的外形。它能测量圆柱齿轮、锥齿轮和蜗轮。其测量模数范围为 1～10mm，中心距为 30～50mm。仪器的底座1上安放着浮动滑板2和固定滑板3。浮动滑板2与分度尺4连接，它受压缩弹簧作用，使两齿轮紧密啮合（双面啮合），浮动滑板2的位置用凸轮10控制。固定滑板3与游标尺5连接，依靠用手轮6调整位置。仪器的读数与记录装置由指示表11、记录器12、记录笔13、记录辊14和摩擦盘15组成。理想精确的测量齿轮安装在固定滑板3的心轴上，被测齿轮安装在浮动滑板2上。由于被测齿轮存在各种误差（如基节偏差、调节偏差、齿圈径向跳动和齿形误差等），两个齿轮转动时，双齿中心距会变动，变动量通过浮动滑板2的移动可由指示表11示值，或者由仪器附

带的机械式记录器绘出相应曲线。

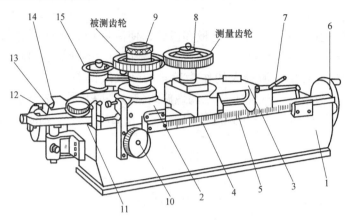

图 6-21 双面啮合综合检查仪

1—底座　2—浮动滑板　3—固定滑板　4—分度尺　5—游标尺　6—手轮　7—锁紧杆　8—活动轴
9—固定轴　10—凸轮　11—指示表　12—记录器　13—记录笔　14—记录辊　15—摩擦盘

齿轮单面啮合综合测量是在单面啮合检查仪上进行的，测量时，被测齿轮与理想精确的测量齿轮在正常中心距下安装，单面啮合转动。这个测量过程接近于齿轮的实际工作过程，所以测量结果能比较真实地反映出整个齿轮所有啮合点上的误差。

1）仪器结构及使用。

单面啮合检查仪有机械式、光栅式及磁分度式多种，如图6-22所示为光栅式单面啮合检查仪，该仪器主要由主机（机械部分）、齿轮误差分析仪和记录仪三大部分组成。主机部分配有两套高精度圆光栅传感器和测量回转驱动装置，以蜗杆为标准元件，在单啮状态下对齿轮进行动态测量的仪器。标准蜗杆顶于蜗杆光栅头和横架 11 的尾顶尖之中，标准蜗杆和光栅头主轴轴系同步转动。被测齿轮与齿轮光栅头同轴安装，并顶于光栅头 10 和上顶尖 9 之间。手轮 6 用以调节滑架 8 的上、下位置。摇动纵向手轮 13，横架 11 可沿左立柱 18 的导轨上下移动，以适应齿轮的不同安装位置和不同截面的测量，其位置由垂直分度尺 17 读出。分度盘 15 用于读出横架的转角。控制板 21 上装有左右齿面换向开关和指示灯（注意：换向时，必须先停机断电再换向）。手轮 20 用于控制电动机 12 的转速。

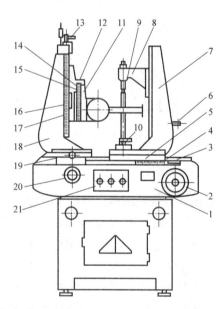

图 6-22　光栅式单面啮合检查仪机械部分

1—工作台　2—手轮　3—水平分度尺　4—水平游标
5—水平导轨　6—活动手轮　7—右立柱　8—滑架
9—顶尖　10—光栅头　11—横架　12—电动机
13—纵向手轮　14—分度盘游标　15—分度盘
16—垂直游标　17—垂直分度尺　18—左立柱
19—横向手轮　20—转速控制手轮　21—控制板

2）工作原理。光栅式单面啮合检查仪测量原理图如图 6-23 所示，标准蜗杆由电动机带动，它由可控硅整流器供电，并能无级调速。

主光栅盘 I 与标准蜗杆一起旋转。标准蜗杆又带动被测齿轮及主光栅盘 II 旋转。利用标准蜗杆和被测齿轮轴端的两套光栅装置产生两个不同频率（f_1 和 f_2）的脉冲信号，然后将这两列信号分别输入分频器，就变为两列同频的脉冲信号，其频率为 f_1/z 或 f_2/k（z 为被测齿轮的齿数，k 为标准蜗杆的头数），再将这两列同频信号输入比相计进行比相，如果在被测齿轮一转内，相位差始终保持不变，则说明被

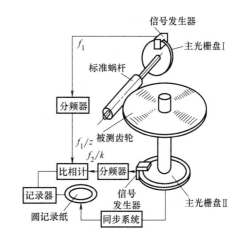

图 6-23　光栅式单面啮合检查仪测量原理图

测齿轮没有切向综合偏差；否则，通过相位差的变化，使比相计的输出电压也相应变化，这变化就反映了齿轮的切向综合偏差和一齿切向综合偏差。

当使用多头蜗杆进行齿间测量时，还可获得齿轮截面整体误差曲线，整体误差即把齿轮所有工作面上的误差视为一体，并按啮合顺序统一在啮合线上，从整体误差曲线不仅可以容易地找出各种单项误差，而且可以直观的，全面地看出各种单项误差之间的相互关系，从而可以分析各种误差对齿轮传动质量的影响以及分析齿轮误差产生的原因。

2. 误差分析仪及其使用

误差分析仪对传感器输出的信息进行处理和分析，其面板如图 6-24 所示。使用时应注意：

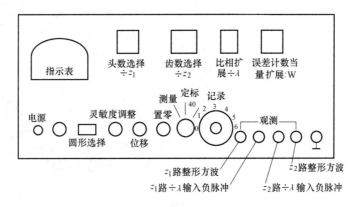

图 6-24　误差分析仪面板

1）先打开电源开关，使分析仪预热几分钟后再进行测量（测量前要按一下"置零"按钮）。

2）z_1 拨码盘在使用单头蜗杆时拨码数 01；双头蜗杆拨 02；三头蜗杆拨 03。

3）z_2 拨码盘拨码数为齿轮齿数。如齿数为 47，则拨码数为 047。

4）λ 拨码盘在齿轮误差越大时拨码数越大（λ 为 1 ~ 9 的正整数）。

5）W 拨码盘随齿数 z_2 及 λ 选择的值增大而增大（W 取 $1 \sim 99$ 的正整数，且大于 $\frac{6z_2\lambda}{127}$）。当 $6z_2\lambda < 127W$ 时，拨码为 W。

6）不断按动位移按钮，观察指示表，使测量的整个周期都包络在指示表指针摆动范围内，在两边缘处都不出现大范围的无规则摆动。

7）"测量"及"定标"开关在测量时，必须置于"测量"档，定标时，置于"定标"的某一档，记录仪绘出一直线后开关置于"定标"的另一档，记录仪又绘出一直线，两直线间的距离 L 相当于误差计数器输入 40 个脉冲的误差，记录纸上每单位宽度所代表的齿轮误差值按下式计算。

单位角度所代表的误差值，（″/mm）$\qquad K = 800 \times \dfrac{z_1}{z_2} \times \dfrac{W}{L}$

单位线值在啮合线上所代表的误差值，（$\mu m/mm$）$\qquad K_{啮} = \dfrac{\pi}{1.62} \times \dfrac{mz_1 W}{L}\cos\alpha$

单位线值在分度圆上所代表的误差值，（$\mu m/mm$）$\qquad K_{分} = \dfrac{\pi}{1.62} \times \dfrac{m_t z_1 W}{L}\cos\alpha$

8）"灵敏度调整"电位器一般控制在 $K = 1$（$\mu m/mm$）之下（"定标"与"测量"必须在同灵敏度下进行）。"记录"波段开关一般情况置于"0"位置。

3. 记录仪的使用

记录仪以长、圆两种图形的形式，显示齿轮误差，使用圆记录时，打开圆记录开关，关闭长记录开关；使用长记录时，则关闭圆记录开关，打开长记录开关。一般用圆记录仪描绘出整体误差曲线。使用时应注意：

1）记录量程旋转位置，按出厂时的定档，不要变动。

2）应在啮合前先打开记录仪电源开关和圆记录开关，以避免齿轮和蜗杆的剧烈往复撞击损坏仪器的轴系及同步系统的精度。

3）在作"位移"调整时，记录仪信号输入开关关闭，记录笔抬起。位移合适后再打开信号输入开关，落笔记录。如图 6-25 所示为圆记录纸记录的切向综合偏差曲线。

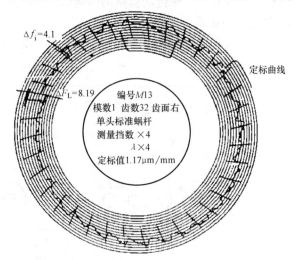

图 6-25　圆记录纸记录的切向综合误差

五、测量步骤及要求

1. 测量径向综合偏差 F_i''（见图 6-21）

1）旋转凸轮 10，将浮动滑板 2 调整在浮动范围的中间位置。

2）在浮动滑板 2 和固定滑板 3 的心轴上分别装上被测齿轮和理想精确的测量齿轮。旋转手轮6，使两齿轮双面啮合。然后，锁紧固定滑板3。

3）调节指示表11的位置，使指针压缩1~2圈并对准零位。

4）在记录辊14上包扎坐标纸。

5）调整记录笔的位置，将记录笔尖调到记录纸的中间，并使笔尖与记录纸接触。

6）放松凸轮10，由弹簧力作用使两个齿轮双面啮合。

7）进行测量。缓慢转动测量齿轮，由于被测齿轮的加工误差，双啮中心距产生变动，其变动情况从指示表或记录曲线图中反映出来。在被测齿轮转一周时，由指示表读出双啮中心距的最大值与最小值，两读数之差就是齿轮径向综合偏差 F_i''。

在被测齿轮转一齿距角时，从指示表读出双啮中心距的最大变动量，即为一齿径向综合偏差 f_i''。

8）处理测量数据。从 GB/T 10095.1—2008 查出齿轮的径向综合偏差和一齿径向综合偏差的标准值，将测量结果与其比较，判断被测齿轮的合格性。

2. 切向综合偏差 F_i' 测量步骤（见图6-22）

1）预热。接通电源，在测量前打开主机、分析仪和记录仪的电源开关进行预热。当采用圆记录时，应注意在蜗杆还未和被测齿轮啮合前先打开记录仪的圆记录开关。

2）安装被测齿轮。将洗刷干净的被测齿轮装在心轴上，将心轴顶于齿轮光栅头和上顶尖之间并紧固。

3）安装标准蜗杆。当测量直齿圆柱齿轮时，标准蜗杆中心线应倾斜 λ 角度（λ 为标准蜗杆分度圆螺旋升角）。当测量斜齿轮时，应倾斜 $\lambda \pm \beta$ 角度（β 为斜齿轮的分度圆螺旋升角，式中正号用于二者旋向不同时，负号用于二者旋向相同时）。再摇动左立柱上的手轮13，将蜗杆中心平面调整在被测齿轮的待测截面上并紧固。再转动左立柱下的手轮19，使标准蜗杆上精度最高的一段啮合线参加工作（一般取中间位置）。

4）中心距的调整、分析仪，安装记录纸。

5）开起主机总电源，顺时针转动主箱上的转速控制手轮20，使标准蜗杆带动被测齿轮旋转，转速应由慢逐渐加快，然后停止在某一位置上，转速（即测量速度）与齿轮误差大小、齿数及检测的误差项目等有关，应适当选择。

6）打开记录仪的输出开关，并选择记录笔在纸上的位置，落笔记录。测完一侧齿面后，抬起记录笔，关闭输入开关，逆时针旋转转速控制手轮20，停止标准蜗杆的转动。

7）旋转控制板上的测量换向旋钮，测量被测齿轮的另一侧齿面。

8）由记录曲线分析齿轮的切向综合总偏差 F_i' 及一齿切向综合偏差 f_i'。

六、思考题

1. 双啮中心距与安装中心距的区别是什么？

2. 测量径向综合偏差 F_i'' 与一齿径向综合偏差 f_i'' 的目的是什么？

3. 若无理想精确的测量齿轮，能否进行双面啮合测量？为什么？

第七部分　综合实验

实验 1　万能工具显微镜综合测量

一、实验目的

1. 了解万能工具显微镜的测量原理及结构特点。
2. 了解通过测量数据的处理来完成间接测量的原理。
3. 了解在现有设备基础上进行拓展性实验设计的基本过程。
4. 培养学生进行创新性实验设计的能力。
5. 正确掌握几种典型零件参数的测量方法。

二、实验设备

万能工具显微镜，被测工件。

三、原理知识

本实验采用万能工具显微镜，其结构原理在本书第三部分实验 5 中已经介绍过了，不再赘述。

万能工具显微镜是采用光学成像投影原理，以测量被测工件的影像来代替对轴径的接触测量，因而测量中无测量力引起的测量误差。然而成像失真或变形，将会带来很大的测量误差。

工具显微镜的成像失真主要是因显微镜光源所发射出的光线不是平行光束，造成物镜中所成影像不但不清晰，而且大小也发生变化。测量时，消除不平行光线的方法是正确地调整仪器后部光源附近的光圈，限制光源光线的散射（应注意：光圈太小易产生绕射）。最佳光圈直径可查工具显微镜说明书，无表可查时，可按下式计算光圈直径 D（mm）

$$D = 3.15 \sqrt[3]{\frac{1}{d}}$$

式中　d——被测直径（mm）。

为了减小成像误差，最好是按仪器所附的最佳光圈直径表的参数调整光圈，否则会产生较大的测量误差，例如测量一个直径 70mm 的轴，光圈从 5mm 变到 25mm 时，此项误差由 $+6\mu m$ 变到 $-72\mu m$，可见变化范围较大，因此必须注意调好光圈。同时还应仔细调整显微镜焦距，使目镜内的成像达到最清晰。

测量过程中，定位被测目标有几种方法：

1. 影像法

影像法是把放大了的工件轮廓成像在目镜分划板上，然后通过目镜中的虚线来瞄准轮廓影像，并通过该量仪的工作纵坐标、横坐标标尺和角度示值目镜来实现测量。这个方法要求试件放在自下而上的光路中，并处在对准显微镜的清晰范围内，才能得到试件的影像。首先用调焦棒将立柱上的显微镜精确对焦，这时被测件物像最清晰。测量轴类测件时，一般依靠中心孔定位，特别要清洗中心孔的泥沙和毛刺，否则会造成被测件的轴心线与仪器中心线不同轴，从而带来较大的测量误差。最好的办法是在安装好后用仪器分划板中的米字线的水平线检查被测轴的外径的跳动误差，从而判断被测件是否安装好。如果圆柱面母线有直线度误差，或有锥形误差，不能采用通常测量长度的压线法，而必须使用在母线上压点的方法时，即将米字线中心压在轮廓母线的一点上进行坐标读数，然后横向移动工作台，使米字中心对准相对应的轮廓母线，两次读数之差即为被测轴径。应在不同的横截面内进行多次测量，最后取其平均值作为测量结果。

在工具显微镜上进行影像法测量（不论是压线法还是压点法），必须按照外形尺寸大小调整光圈，它的测量精度会受到对准精度、轮廓的表面粗糙度等因素的影响。

2. 测量刀法

在工具显微镜上，还可以用直刃测量刀接触测量轴径。在测量刀上距刃口 0.3mm 处有一条平行于刃口的细刻线，测量时，用这条细刻线与目镜中米字中心线平行的第一条虚线压线对准，由于此刻线靠近视场中心，因此处于显微镜的最佳成像部分，有较高的测量精度。测量时必须用 3 倍物镜，并在物镜的滚花圈处装上反射光光源，使用反射光照明。

采用测量刀法测量时，关键的一步是安放测量刀，操作时必须十分仔细，否则，会产生接触误差或造成测量刀的损坏。应使刀刃与被测工件轻轻接触并摆动，使测量刀刃口与轮廓线贴紧无光隙并固紧。

测量刀法的对线误差比影像法小，测量精度较高。然而，测量刀在使用过程中容易磨损，因此，应注意对测量刀的保护。除避免由于操作不当而造成不应有的损坏外，安装前应仔细清洗刻线工作面，使用后应妥善放置，避免磕碰或锈蚀，还应注意定期鉴定。

3. 灵敏杠杆接触法

在工具显微镜上常用灵敏杠杆测量孔径，用目镜米字线以影像法对孔径进行测量时，由于受工件高度的影响，使工件的轮廓投影影像不清晰，瞄准困难，故测量精度不高。为提高测孔精度，常在主物镜上装以光学灵敏杠杆附件，用接触法测量孔径。由于其测量力仅 0.1N，测量力引起的变形很小，故瞄准精度较高，可大大提高测量精度。

光学灵敏杠杆主要用于测量孔径，也可测量沟槽宽度等内尺寸，在特殊情况下，还可用于丝杠螺纹和齿轮的测量工作。它在测量过程中主要起精确瞄准定位的作用。

光学灵敏杠杆的工作原理如图 7-1 所示。照明光源 4 照亮刻有 3 组双刻线的分划板 1，经透镜至反射镜 2 后，

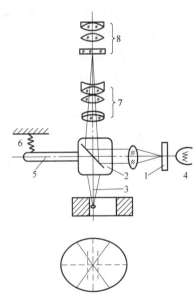

图 7-1　光学灵敏杠杆原理图

1—分划板　2—反射镜
3—测量杆　4—光源
5—调整帽　6—弹簧
7—物镜组　8—目镜

再经物镜组 7 成像在目镜米字线分划板上。平面反射镜 2 与测量杆 3 连接在一起，当它随测量杆绕其中心点摆动时，3 组双刻线在目镜分划板上的像也将随之左右移动。当测杆的中心线与显微镜光轴重合时，双刻线的影像将对称地跨在米字分划板的中央竖线上，若测头中心偏离光轴，则双刻线的影像将随之偏离视场中心。5 为使测量杆向左或向右调整帽，6 为产生测力的弹簧。

测量时，将测量杆深入被测孔内，通过横向（或纵向）移动，找到最大直径的返回点，并从目镜 8 中使双刻线组对称地跨在米字线中间虚线的两旁，此时进行第一次读数 n_1，旋转调整帽 5，调整测力弹簧 6 的方向（由测力方向箭头标记），使测量杆与被测工件的另一测点接触，双刻线瞄准后读出第二个读数 n_2，则被测孔的直径为

$$D = |n_2 - n_1| + d$$

式中　d——测量杆直径，其数值在测量杆上有标示。

用光学灵敏杠杆测量孔径，其测量误差约为 $\pm 0.002\text{mm}$。测量时要注意尽可能保证被测工件的轴线与测量方向垂直，并在三个截面、两个相互垂直的方向作六次测量，以提高测量精度。

四、测量步骤及要求

1. 测量两孔中心距

如图 7-2 所示，被测工件为一矩形平板，在其上开有两个等直径的圆孔，现要求精确测量两孔的中心距。

测量任务分析：很显然，在被测零件上无法找到两圆孔的中心，因此其中心距无法直接测量。因此，必须采用间接测量的方法来完成测量任务。如果能设法得到两圆孔的圆心坐标，则通过简单的数学计算，就可以求出其中心距离。测量方案如下。

1）首先得到两圆孔的中心点的坐标。

2）通过简单的距离公式，求出两圆孔的中心距。

实验步骤：

1）万能工具显微镜本身并没有提供测量圆孔中心的办法，为了测量圆孔的中心，我们采用间接测量方法。如图 7-3 所示，在被测圆孔的圆周上均匀取三点，用万能工具显微镜分别测得其坐标 (x_1, y_1)，(x_2, y_2)，(x_3, y_3)。

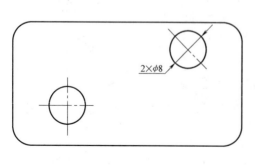

图 7-2　被测零件

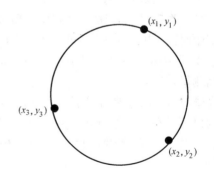

图 7-3　被测孔

2）求中心坐标。

方法一：设该圆的中心坐标为 (a, b)，半径为 r，则圆的方程为

$$(x - a)^2 + (y - b)^2 = r^2$$

分别将测出的三点的坐标代入方程，可以解出三个未知数 a，b，r。这种方法的思路简单，但需要解复杂的二次方程。

方法二：由平面几何的知识，所求圆心必然位于由点 (x_1, y_1)，(x_2, y_2) 以及点 (x_2, y_2)，(x_3, y_3) 所确定的两条垂直平分线的交点上，据此列出几何方程，就可以解出最终的圆心坐标。

3）采用上述方法分别求得两孔的圆心 (x_{r1}, y_{r1}) 和 (x_{r2}, y_{r2}) 后，所要测的中心距 L 可以通过式（7-1）求出

$$L = \sqrt{(x_{r1} - x_{r2})^2 + (y_{r1} - y_{r2})^2} \tag{7-1}$$

2. 凸轮行程测量

（1）要求　在光学分度台上使用极坐标法测量凸轮轮廓形状。

（2）实验原理　光学分度台如图7-4所示，用于极坐标和角度测量。光学分度台安装在万能工具显微镜 X 坐标滑台中部的支撑面上，安放工件的转盘和内部分度盘可一起做360°转动。转动的角度由投影屏8显示，分度盘的分度值为1°，再由投影屏8上的分划板和鼓轮细分至10″的分度值。比如（见图7-5）：

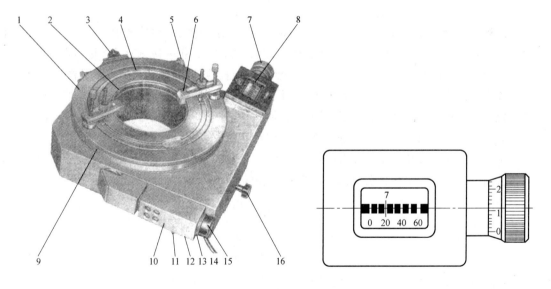

图7-4　光学分度台　　　　　　　　　　　　图7-5　7°21′10″示意图

1—转盘　2—玻璃板　3—旋钮　4—环形槽
5—手轮　6—压板　7—鼓轮　8—投影屏
9—滚花环　10—照明灯托　11、12—螺钉
13—滚花轮　14—照明灯　15—外罩　16—紧固轮

从分度盘分度线上读得：7°

从投影屏上读得：20′

从鼓轮读得：1′10″

读数值：7°21′10″

转盘 1 上的玻璃板 2 的背面刻有十字双线，其中心与光学分度台的转动中心重合。因此，利用测角目镜米字线分划板的十字线来对准十字双线，便可将光学分度台的转动中心定在瞄准显微镜物镜光轴的位置上。

（3）极坐标测量方法

这里通过测量一个凸轮轮廓形状的例子，了解极坐标的测量方法。凸轮上有一轴孔，此孔的中心是使用时的回转中心，这个回转中心就作为测量的基点 0（见图 7-6），从这个基点出发测量轮廓的几何形状上各点的坐标值，即基点 0 作为中心测量半径 ρ_1、ρ_2、ρ_3…，和其相对应的转角 φ_1、φ_2、φ_3…，就得出基点 0 和凸轮轮廓形状的极坐标关系，这种方法称为极坐标法。

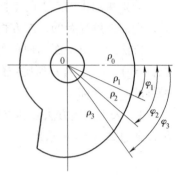

图 7-6　凸轮原理图

在万能工具显微镜上用极坐标法测量时，要把凸轮放在光学分度台上，同时必须使凸轮的旋转中心 0 和光学分度台的旋转中心重合，而分度台的旋转中心在光轴上的坐标位置必须是已知的，下面简称这个过程为定中心。

（4）实验步骤

1）把光学分度台安放到工作台上。

2）定中心（用 3ˣ 物镜）。

一般光学分度台上都有十字刻线，十字刻线中心即为光学分度台旋转中心，若光学分度台没有刻线，则确定光学分度台中心在光轴上坐标位置的方法是：把一块刻有几个记号点的玻璃板大体放在光学分度台中心上，然后对焦。旋转光学分度台，则玻璃板上的记号点跟着作圆周运动，直至观察到有某一静止点（分度台转动时此记号不动）或某一记号点绕米字线中心作圆周运动时，此点就是光学分度台中心。然后把此点移到米字线中心，记下此时坐标位置 x_0 和 y_0。

3）测凸轮孔径大小（分别在 x 和 y 两方向上测得直径 d_x 和 d_y）。

4）调凸轮极点和光学分度台旋转中心重合（用 1ˣ 物镜）。

首先以 x_0 和 y_0 坐标值分别减去凸轮孔直径的一半

$$x = x_0 - \frac{d_x}{2}$$

$$y = y_0 - \frac{d_y}{2}$$

然后纵横方向移动工作台，使纵向读数对准 x 值，横向读数对准 y 值。此时把凸轮放上，移动凸轮使其孔的圆周与分划板中心十字线相切（见图 7-7），旋转光学分度台，使凸轮孔圆周在任意旋转角度下与十字线相切，这时就说明凸轮中心与光学分度台回转中心重合。实际上，由于凸轮孔有形状误差，只取在近似位置相切即可。

5）进行测量。凸轮曲率半径变化大的每隔 30°测一点，变化小的每隔 45°测一点。

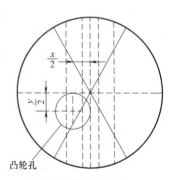

图 7-7　测量示意图

6）根据所测数据在方格纸上画出凸轮形状。

五、思考题

1. 在本实验中，通过巧妙设计的间接测量方案，完成了传统上万能工具显微镜无法测量的任务，在一定程度上相当于扩展了该仪器的应用范围，为了进一步提高测量精度，应该如何改进？为什么？

2. 极坐标测量与直角坐标测量有什么不同？用在什么场合？

实验2　三坐标测量机的应用

一、实验目的

1. 了解三坐标测量机的构成和基本原理。
2. 掌握三坐标测量机的基本操作。
3. 了解三坐标测量机数据处理的基本方法。

二、实验设备

三坐标测量机、被测件

三、仪器说明

1. 三坐标测量机的基本组成

三坐标测量机是一种高效、新颖的精密测量仪器。它广泛应用于机械制造、仪器制造、电子工业、航空工业等各领域。它由测量机主机、控制系统、测量头测座系统、计算机（测量软件）等部分组成，如图7-8所示。

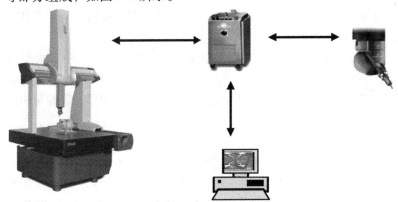

图7-8　三坐标测量机基本组成

应用三坐标测量机可对直线坐标、平面坐标以及空间三维尺寸进行测量，可以测量球体直径、球心坐标、曲线曲面轮廓、各种角度关系以及凸轮、叶片等复杂零件的几何尺寸和形状位置误差。三坐标测量机测量精度高，速度快，软件功能强大，是测量行业不可或缺的高级仪器。

2. 活动桥式测量机的构成及功能

1）工作台（一般采用花岗石）。用于摆放零件支承桥架。工作台放置零件时，一般要根据零件的形状和检测要求，选择适合的夹具或支撑。要求零件固定可靠，不使零件受外力变形或其位置发生变化。大零件可在工作台上垫等高块，小零件可以在工作台上的固定方箱上测量。

2）桥架。支撑滑架，形成互相垂直的三轴。桥架是测量机的重要组成部分，由主、附支撑和横梁、滑架等组成。桥架的驱动部分和光栅基本都在主支撑一侧，附支撑主要起辅助支承的作用。由于这个原因，一般桥式测量机的横梁长度不超过 2.5m，超过这个长度就要使用双光栅等措施对误差进行补偿，或采用其他机械机构形式。

3）滑架。使横梁与有平衡装置的 Z 轴连接。其上有两轴的全部气浮块和光栅的读数头、分气座。气浮块和读数头的结构比较复杂，直接影响测量机精度，不允许调整。

4）导轨。具有精度要求的运动导向轨道是测量基准：压缩空气中的油和水及空气中的灰尘会污染导轨，造成导轨道直线度误差变大，使测量机的系统误差增大，影响测量精度。要保持导轨完好，避免对导轨磕碰，定期清洁导轨。

5）光栅系统（光栅、读数头、零位片）。光栅系统是测量机的测长基准。光栅是刻有细密等距离刻线的金属或玻璃，读数头使用光学的方法读取这些刻线计算长度。另外在光栅尺座预置有温度传感器，便于有温度补偿功能的系统进行自动温度补偿。

零位片的作用是使测量机找到机器零点。机器零点是机器坐标系的原点，是测量机误差补偿和测量机行程终控制的基准。

6）驱动系统（伺服电机、传动带）。驱动系统由直流伺服电机、减速器、传动带、带轮等组成。驱动系统的状态会影响控制系统的参数，不能随便调整。

7）空气轴承气路系统（过滤器、开关、传感器、气浮块、气管）。空气轴承（又称气浮块）是测量机的重要部件，主要功能是保持测量机的各运动轴相互无摩擦，由于气浮块的浮起高度有限而且气孔很小，要求压缩空气压力稳定且其中不能含有杂质、油、水等。过滤器是气路中的最后一道关卡，由于其过滤精度高，非常容易被压缩空气中的油污染，所以一定要有前置过滤装置和管道进行前置过滤处理。气路中连接的空气开关和空气传感器都具有保护功能，不能随便调整。

8）支架、随动带。小型测量机采用支架支承测量机工作台，中、大型测量机一般采用千斤顶支承工作台。都采用三点支承，在一个支架的一侧，有两个辅助支架，只起保险作用。每个支架都有一个海绵垫，能够吸收振幅较小的振动，如果安装测量机的附近有幅度较大的振动源，要另外采取减振措施。

3. 测座、测头系统

测座、测头系统是数据采集的传感器系统，测座分为手动和自动两种。

1）测座根据命令旋转到指定角度。测座控制器可以用命令或程序控制并驱动自动测座旋转到指定位置。手动的测座只能由人工手动旋转测座。测头（针）更换架可以在程序运行中自动更换测头（针），避免测量中的人工干预，提高测量效率。

2）测头控制器控制测头工作方式转换。高精度测头灵敏度高，可以接比较长的测针。但是灵敏度高会造成测量机高速运动时出现误触发。测头控制器控制测头在测量机高速运动时处于高阻（不灵敏）状态，触发时进入灵敏状态的转换。在手动方式时一般都是以操纵盒的"速度控制键"进行控制状态转换，即低速运动时是测头的灵敏状态。

3）测头传感器在探针接触被测点时发出触发信号。测头部分是测量机的重要部件，测头根据其功能分为：触发式、扫描式、非接触式（激光、光学）等。触发式测头是使用最多的一种测头，其工作时近似一个高灵敏的开关式传感器。当测针与零件产生接触而产生角度变化时，发出一个开关信号。这个信号传送到控制系统后，控制系统对此刻的光栅计数器中的数据锁存，经处理后传送给测量软件，表示测量了一个点。

扫描式测头有两种工作模式：一种是触发式模式，一种是扫描式模式。扫描测头本身具有三个相互垂直的距离传感器，可以感觉到与零件接触的程度和矢量方向，这些数据作为测量机的控制分量控制测量机的运动轨迹。扫描测头在与零件表面接触、运动过程中定时发出采点信号，采集光栅数据，并可以根据设置的原则过滤粗大误差，称为"扫描"。扫描测头也可以触发方式工作，这种方式是高精度的方式，与触发式测头的工作原理不同的是它采用回退触发的方法。

4. 计算机和测量软件

计算机（又称上位机）和测量软件是数据处理中心。

1）对控制系统进行参数设置。计算机通过"超级终端"方式，与控制系统进行通讯并实现参数设置等操作。可以使用专用软件对系统进行调试和检测。

2）进行测头定义和测头校正，及测针补偿。不同的测头配置和不同的测头角度，测量的坐标数值是不一样的。为使不同配置和不同测头位置测量的结果都能够统一进行计算，测量软件要求测量前必须进行测头校正，获得测头配置和测头角度的相关信息。以便在测量时对每个测点进行测针半径补偿，并把不同测头角度测点的坐标都转换到"基准"测头位置上。

3）建立零件坐标系（零件找正）。为测量的需要，测量软件以零件的基准建立坐标系，称零件坐标系。零件坐标系可以根据需要，进行平移和旋转。为方便测量，可以建立多个零件坐标系。

4）对测量数据进行计算和统计、处理。测量软件可以根据需要进行各种投影、构造、拟和计算，也可以对零件图纸要求的各项几何公差进行计算、评价，对各测量结果使用统计软件进行统计。借助各种专用测量软件可以进行齿轮、曲线、曲面和复杂零件的扫描等测量。

5）编程并将运动位置和测量结果通知控制系统。测量软件可以根据用户需要，采用记录测量过程和脱机编程等方法对批量零件进行自动和高精度的测量或扫描。

6）输出测量报告。在测量软件中，操作员可以按照自己需要的格式设置模板，并生成检测报告输出。

7）传输测量数据到指定网络或计算机。通过网络联接，计算机可以进行数据、程序的输入和输出。

5. 操纵盒使用说明（见图7-9）

1）JOGMODE操纵杆工作模式。PROBE按键灯亮时，测量机按测头方向移动。PART按键灯亮时，测量机按工件坐标系移动。MACH按键灯亮时，测量机按机器坐标系移动。

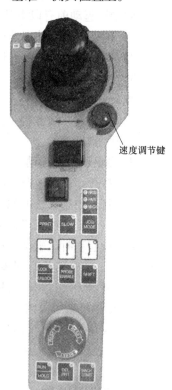

速度调节键

图7-9 操纵盒使用说明

2）SLOW 灯亮时为慢速触测状态，灯灭时为快速运动状态。触测零件时应保持慢速触测状态。

3）SHIFT 按键灯亮时，RUN/HOLD、LOCK/UNLOCK 按键功能有效。

4）PROBE ENABLE 按键灯灭时，测头保护的功能有效，但不记录测点。此功能可以用于易出现误测点场合，需要屏蔽误测点时。需要正常测点时，将灯按亮。

5）LOCK/UNLOCK 仅用于带有轴锁定系统的机器。

6）急停开关紧急停止系统。

7）RUN/HOLD 灯灭时，程序暂停；灯亮时，程序继续运行。

8）DEL PNT 删除 DONE 之前的测点。

9）↔、↕、↗为 X/A、Y/B、Z/W 轴按键灯，灯灭时，对应轴锁定。

10）PRINT 用于编程时增加 MOVE 点按键。

11）DONE 为确认键。

12）速度调节键用于调节速度。

13）ENABLE 键按住时，手动有效，测量机才能手动移动。

14）MACH START 为测量机驱动加电按键灯。灯亮时测量机才能运动。出现任何保护时，灯灭。

四、测量步骤及要求

1. 测量机起动前的准备

测量机起动前有以下几项准备工作：

1）检查机器的外观及机器导轨是否有障碍物，电气线路是否联接正常。

2）对导轨及工作台面进行清洁。

3）检查温度、气压、电压、地线等是否符合要求，对前置过滤器、气罐、除水机进行放水检查。

4）以上条件具备后，接通 UPS（Uninterruptible Power System，不间断电源）、除水机电源，打开气源开关。

2. 测量机系统起动

1）打开计算机电源，起动计算机，打开测头控制器电源。

2）打开控制系统电源，系统进入自检状态（操纵盒所有指示灯全亮）。

3）待系统自检完毕，双击 PC-DMIS 软件图标，启动软件系统。

4）冷起动时，软件窗口会提示进行回机器零点的操作。此时接通驱动电源，单击［确认］按钮，测量机执行回零操作，三轴依据设定程序依次回零。

5）机器回零过程完成后，软件进入正常工作界面，测量机进入正常工作状态。

3. 测量机系统关闭

1）关闭系统时，首先将 Z 轴运动到安全的位置和高度，避免造成意外碰撞。

2）退出软件，关闭控制系统电源和测座控制器电源。

3）关闭计算机电源，UPS、除水机电源，气源开关。

4. PC-DMIS 软件介绍

PC-DMIS 软件是一个功能丰富、模块化的软件集合。PC-DMIS 软件除在内核部分划分为

PRO、CAD、CAD++三个功能模块外，还有多种扩展功能模块，使其可以用于各种计量器具、加工机床现场检测、脱机编程、网络信息流等方面。广泛应用于现代企业的计量管理。

PC-DMIS软件除用于Hexagon本集团的测量机外，还兼容其他厂家的部分测量机，可以通过接口模块直接与控制系统联接。

5. 测头及标准球的标定

（1）目的　当使用测量机进行工件检测时，跟工件直接接触的是测头的红宝石球的球面，测量机在数据处理时是以红宝石球的球心来计算的，必须对测球的半径和位置进行补偿。因此，在测量工件之前，首先要进行测头校正，从而得到测头的准确数值，校正完毕，坐标机会自动补偿校正后的数据。这样，可以消除由于测头而带给工件测量的误差。

（2）功能　可分别用"手动模式"或"自动模式"校验、定义测头。

（3）方法

1）定义测头。在测量新零件时，进入测量软件后，软件会自动弹出［测头功能］。也可以在［插入］→［硬件定义］→［测头菜单］中选择进入［测头功能］对话框。

在进行测头定义前，首先要按照测量规划配置测头、测针，并规划好测座的所有使用角度。然后按照实际配置定义测头系统。

PC-DMIS的测头以文件的形式管理，每进行一次测头配置，都要用一个测头文件来区别。文件名在测头功能窗口的测头文件名窗口处输入，也可以在该窗口选择以前已使用过的测头文件进行测头校验。如图7-10所示。

鼠标单击未定义测头的提示语句，在测头说明的下拉菜单中选择使用的测座型号，在右侧窗口中会出现该型号的测座图形。测座定义后，继续从下拉菜单中选择测座与测头之间的转接件，如图7-11所示。

图7-10　［测头功能］对话框

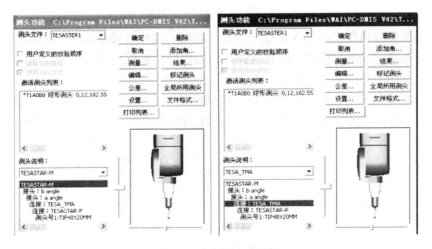

图7-11　定义测头对话框

如果在转接件后面有加长杆，则要在下拉菜单中选择相应长度和型号的加长杆，再选择相应测针，如图 7-12 所示。在下拉菜单中按照测针的宝石球直径和测针长度选择相应的测针。

提示：配置测针和加长杆，要根据测头的承载能力。如果测针和加长杆的重量超出测头承载能力，会造成误触发或缩短测头寿命及精度。

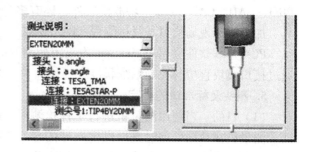

图 7-12　定义加长杆和测针对话框

测针定义后，会在测头角度窗口中自动显示 A0，B0 角度位置。

如需要添加测头角度，在［测头功能］对话框中单击［添加角…］选项，即出现［添加新角］对话框，如图 7-13 所示。PC-DMIS 提供有三种添加角度的方法：

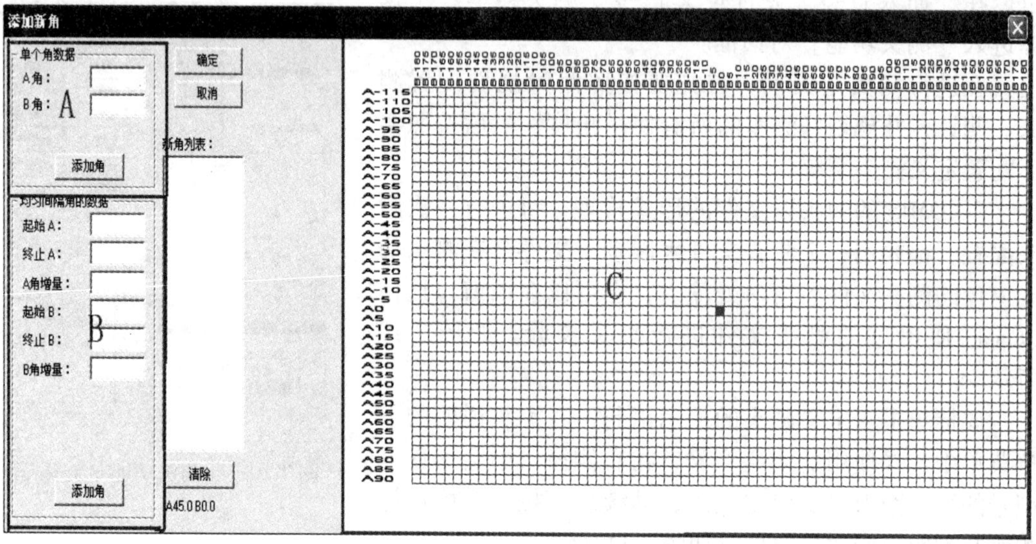

图 7-13　添加角度对话框

单个测头位置角度，可在 A 区中［各个角数据］栏中直接输入 A、B 角度。

多个分布均匀的测头角度，在 B 区的［均匀间隔角的数据］栏中分别输入 A、B 方向的起始角、终止角、角度增量的数值，软件会生成均匀角度。

在 C 区的矩阵表中，纵坐标是 A 角，横坐标是 B 角，其间隔是当前定义测座可以旋转的最小角度。使用者可以按需要选择。这些角度的测头位置定义后，将使用其 A 角、B 角的角度值来命名。在使用这些测头位置时，只要按照其角度值选择调用即可。

2）校验测头。测头定义后，要在标准球上进行直径和位置的校验。单击［测头功能］→［测量］，弹出［校验测头］对话框，如图 7-14 所示。输入测量校验的点数和速度，［测量点数］是校验时测量标准球的采点数，缺省设置为 5 点，推荐为 9～12 点。［逼近/回退距离］是测头触测或回退时速度转换点的位置，可以根据情况设置，一般为 2～5mm。［移动速度］是测量时位置间运动速度。［触测速度］是测头接触标准球时的速度。

控制方式一般采用 DCC（Direct Computer Control，直接计算机控制）方式。

［操作类型］选项栏中选择校验测尖。

［校验模式］一栏中一般应采用用户定义，在测量点数为 9 ~ 12 点时，层数应选择 3 层。起始角和终止角可以根据情况选择，一般球形和柱形测针采用 0 ~ 90°。对特殊测针（如：盘形测针）校验时起始角、终止角（图 7-15）要进行必要调整。

［柱测尖标定］是对柱测针校验时设置的参数，柱测尖偏置是指在测量时使用的柱测针的位置。

在［参数设置］一栏中，用户可以把［校验测头］对话框的设置用文件的方式保存，需要时直接选择调用。

［可用工具列表］是校验测头时使用的校验用工具的定义。单击［添加工具］按钮，弹出［添加工具］对话框，如图 7-16 所示。在［工具标识］文本框添加"标识"，在［支撑矢量 I］、［支撑矢量 J］、［支撑矢量 K］文本框输入标准球的支撑矢量（指向标准球，如：0，0，1），在［直径/长度］文本框输入标准球检定证书上标注的实际直径值，按下［确定］按钮。

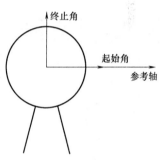

图 7-15　起始角、终止角定义

图 7-14　校验测头对话框　　　　　　　　　　图 7-16　添加工具对话框

在校验测头窗口设置完成后，按下测量键。

如果按下测量键前没有选择要校验的测针时，PC-DMIS 会出现提示窗口，若不是要校验全部测针，则单击［否（N）］，选择要校验的测针后，重复以上步骤。确实要校验全部测针，单击［是（Y）］。如图 7-17 所示。

PC-DMIS 在操作者选择了要校验的测针后，弹出提示窗口，如图 7-18 所示，警告操作者测座将旋转到 A0、B0 角度，这时操作者应检查测头旋转后是否与工件或其他物体相干涉，及时采取措施。同时要确认标准球是否被移动。如果单击［否（N）］，PC-DMIS 会根据最后一次记忆的标准球位置自动进行所有测头位置的校验。如果单击［是（Y）］，PC-DMIS 会弹出另一窗口（图 7-19），提示操作者如果校验的测针与前面校验的测针相关，应该用前面标准球位置校验过的一号测针 T1A0B0，以使它们互相关联。单击［确定（O）］后，操作者要使用操纵杆控制测量机用测针在标准球与测针正对的最高点处触测一点，测量机会自动按照设置进行全部测针的校验。

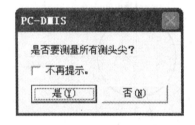

图 7-17　校验测头提示

图 7-18　提示窗口

若操作者需要指定测针校验顺序，在［测头功能］对话框中选中［用户定义的校验顺序］选项，单击第一个要校验的测针，然后在按下"CTRL"键的情况下顺序单击其他测针，在定义的测针前面就会出现顺序编号，系统会自动按照操作者指定的顺序校验测针。

测头校验后，单击［测头功能］→［结果…］，会弹出［校验结果］窗口，如图 7-20 所示。

图 7-19　进一步提示窗口

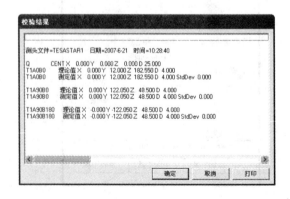

图 7-20　校验结果对话框

在［校验结果］窗口中，理论值是在测头定义时输入的值，测定值是校验后得出的校验结果。其中 X、Y、Z 是测针的实际位置，由于这些位置与测座的旋转中心有关，所以它们与理论值的差别不影响测量精度。D 是测针校验后的等效直径，由于测点延迟原因，这个值要比理论值小，由于它与测量速度、测针的长度、测杆的弯曲变形等有关，在不同情况下会有区别，但在同等条件下，相对稳定。StdDev 是本次校验的形状误差，从某种意义上反映了校验的精度，这个误差应越小越好。

6. 手动测量特征

使用手动方式（或操纵杆方式）测量零件时，要注意以下几个方面问题：

1）要尽量测量零件的最大范围，合理分布测点位置和测量适当的点数。

2）测量时的方向要尽量沿着测量点的法向，避免测头"打滑"。

3）测点的速度要控制好，测各点时的速度要一致。

4）测量时要选择好相应的工作（投影）平面或坐标平面。

要做到以上几点，需要操作人员有良好的手感和一定的经验。

使用手操盒测量圆时，PC-DMIS 将保存在圆上采集的点，因此采集时的精确性及测点均匀间隔非常重要。测量前应指定投影平面（工作平面），以保证测量的准确。测量圆的最少点数为 3 点，多于 3 点可以计算圆度（图 7-21）。

如果要重新采集测点，点击手操盒上的 DEL PNT 按钮（或键盘上 ALT + "－"键），删除测点重新采集。一旦所有点数被采集，按键盘上的 End 键或手操盒上 Done 按钮即可。

圆柱的测量方法与测量圆的方法类似，只是圆柱的测量至少需要测量两层圆。必须确保第一层圆测量时点数足够再移到第二层（图 7-22）。计算圆柱的最少点数为 6（每截面圆 3 点）。控制创建的圆柱轴线方向规则与直线相同，即从起始端面圆指向终止端面圆的方向为圆柱轴线方向。

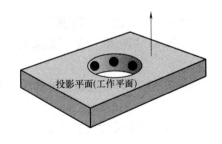

图 7-21 手动测量圆

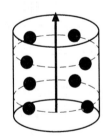

图 7-22 手动测量圆柱

任何坏点可以通过按手操盒上的 DEL PNT 按钮（或键盘上 ALT + "－"键），重新采集。一旦所有的点采集完毕，按键盘上的 End 或手操盒上的 Done 按钮即可。

7. 圆度误差评定

在测量时应注意采集足够的点来评价此元素的偏离。如果测量的点数是该元素的最少测点数，误差是 0，因为这样会把此元素计算为理想元素。例如：在评价圆度时，圆的最少点数是 3、球的最少点数是 4 等。

进行圆度尺寸的评价按如下步骤操作：

1）选择［尺寸］→［圆度］，［X 实测 GD&T – 圆度 形位公差］对话框将出现，如图 7-23 所示。

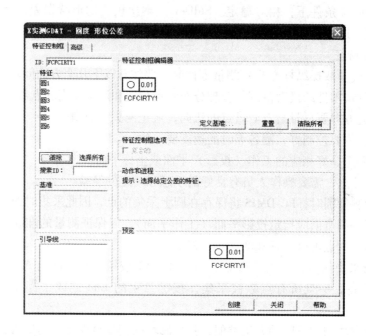

图 7-23　圆度误差评定

2）从［特征］列表中选择需要评定的圆。

3）在［特征控制框编辑器］中键入正公差值。

4）在［高级］选项的［单位］选项栏中选择"毫米/英寸"，如图 7-24 所示。

5）在［报告和统计］选项栏中，选择"统计"、"报告"、"两者"或"无选项"（图 7-24）。

6）通过［报告文本分析］和［报告图形分析］选项栏，选择是否想要分析选项。如果［CAD 图形分析］选项栏选则"有"，需要输入箭头增益。

7）选中［尺寸信息］选项框中的［当这个对话框关闭时创建尺寸信息］并选中编辑，以选择在［图形显示］窗口中显示的尺寸信息格式。

8）单击创建按钮。

注意：在实际的生产中，经常遇到要求分析出加工偏差在何处产生的问题。以此来指导生产者进行加工和修正。所以只给出文本报告难以满足这方面的要求。这时应用 CAD 图形分析功能非常必要。箭头增益就是 CAD 图形的放大倍数。图 7-25 是一个实际报告的图示。

圆柱度评定和圆度评定的步骤相同，这里就不再讲述了。

图 7-24　圆度报告图形分析框

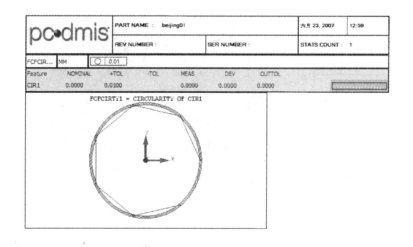

图 7-25　圆度误差评定结果报表

五、思考题

1. 为什么测量机开机时首先要回机器零点？
2. 三坐标测量机为什么要建立零件坐标系？不建行不行？
3. 测量机起动前要做哪些准备工作，为什么？
4. 叙述为什么要在测量前校验测头。
5. 自动测量圆时，为何出现角矢量平行于中心线矢量？

实验 3* 复杂零件测量

一、实验目的

1. 培养学生的实验设计能力和分析能力。
2. 提高学生创新思维和创新意识。
3. 提高学生的动手能力和实践精神。
4. 提高学生合作精神和团队意识。

二、实验内容

1. 根据所给图样（见图 7-26 和图 7-27），进行结构分析并制定检测计划。
2. 根据制定的检测计划写出书面方案。包括：每个尺寸需要的检测设备、夹具、定位基准、检测步骤等。
3. 写出综合实验报告，内容包括：①零件图；②检测方案；③测量步骤；④测量数据记录；⑤数据评定；⑥测量结果判定；⑦体会。

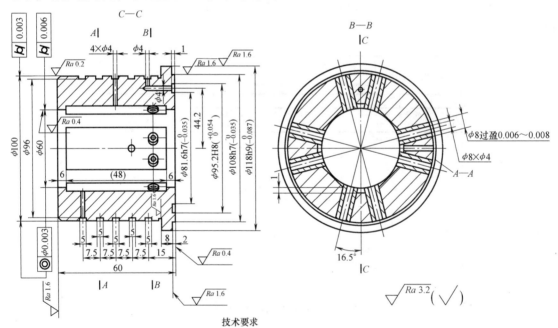

技术要求
1. 材料为(ZQSn-6-6-3)锡青铜或HT200；铸件不得有砂眼、缩孔和疏松缺陷，应时效处理。
2. φ60内孔和主轴配合半径间隙0.022±0.002。
3. φ100外圆和箱体孔配合过盈0.006±0.02。
4. 四个油腔对称分布。
5. 锐边倒钝。

图 7-26 轴承工作图（按带推力轴承结构）

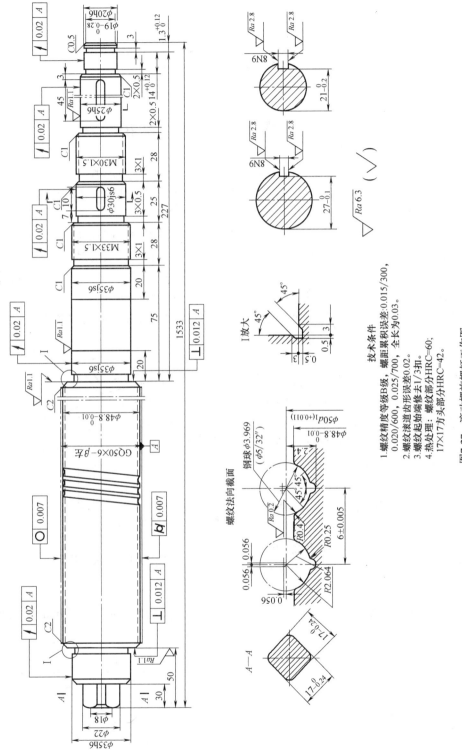

图7-27　滚动螺旋螺杆工作图

附　　录

附录 1　量块的使用与维护

GB/T 6093—2001 中规定：量块是用耐磨材料制造，横截面为矩形，并具有一对相互平行测量面的实物量具。量块的测量面可以和另一量块的测量面相研合使用，也可以和具有类似表面质量的辅助体表面相研合而用于量块长度的测量。

量块是精密测量的基本工具，是从长度基准到一般实际测量之间尺寸传递的媒介。在相对比较测量时，作为比较用的标准尺寸，常用于调整和校对量具仪器的尺寸。

量块按照制造精度可分为：00 级、K 级（校准级）、0 级、1 级、2 级、3 级。按量块检定的测量极限误差的大小分为 1、2、3、4、5、6 六等，精度依次降低。

量块按照"级"使用时，就按照基本尺寸使用，其误差不超过相应"级"所规定的公差。按照"等"使用时，按基本尺寸加上其检定表所给出的修正值即为实际尺寸，其误差不超过相应"等"所规定的公差。

量块的形状有矩形截面的长方体量块、圆形截面的圆柱体量块、带有圆孔方形截面的长方管体量块和圆环形截面的圆管体量块。最常用的是矩形截面的长方体量块。

量块的各表面名称见附图 1-1。使用量块时，使用者必须手拿侧面，防止汗渍使工作面生锈，影响量块的使用寿命和精度。同时，必须轻拿轻放，避免量块跌落。

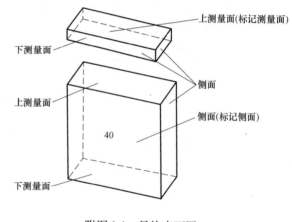

附图 1-1　量块表面图

量块在不受到异常温度、振动、冲击、磁场或机械力影响的环境下，长度的最大允许年变化量见附表 1-1。

附表 1-1　正常情况下量块长度的最大允许年变化量

级　　别	量块长度的最大允许年变化量
K，0	$\pm\ (0.02\mu m + 0.25 \times 10^{-6} \times l_n)$
1，2	$\pm\ (0.05\mu m + 0.5 \times 10^{-6} \times l_n)$
3	$\pm\ (0.05\mu m + 1.0 \times 10^{-6} \times l_n)$

在使用量块时，为了满足一定尺寸要求，必须将几块量块研合为预定尺寸的一个量块组，如附图 1-2 所示。为了减少量块组的组合误差，应用尽可能少的量块组成量块组。选用

量块时，从所需尺寸小数最后一位选起，逐级递减，直到选定整数，满足组合尺寸要求为止。选用时需参照实验室所提供的成套量块尺寸表。例如，要组成 29.74mm 的尺寸，选用步骤如下（从 46 块一盒中选用）：

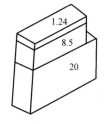

$$\begin{array}{r} 29.74 \\ - \quad 1.04 \end{array} \cdots\cdots\cdots \text{第一块}$$

$$\begin{array}{r} 28.70 \\ - \quad 1.70 \end{array} \cdots\cdots\cdots \text{第二块}$$

$$\begin{array}{r} 27.00 \\ - \quad 7.00 \end{array} \cdots\cdots\cdots \text{第三块}$$

$$20.00 \cdots\cdots\cdots \text{第四块}$$

附图 1-2　量块组合示意图

量块的粘合步骤如下：

1）将选用的量块先用脱脂棉蘸汽油清洗干净，再用棉花（或鹿皮）擦干（注意要轻拿轻放，严禁碰撞或摔落地面，在不工作时，量块应放在干净的棉布或鹿皮上）。

2）再将两量块工作面互相粘合，稍加压力，轻轻调正，如附图 1-3a 所示，沿长边方向推进即可，如附图 1-3b 所示。以大尺寸量块为基础，顺次将小尺寸量块粘合上去，如附图 1-2 所示。

粘合时用力要适当，否则会引起量块（特别是小尺寸量块）变形，并注意尽可能不用手接触工作面及使用过程中碰伤工作面。因为任何的损伤或锈蚀都会影响量块的粘合性，使量块失去原有的精度。

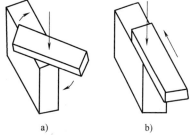

a)　　　　　　b)

附图 1-3　量块组合示意图

使用完毕应仍用脱脂棉蘸汽油擦拭干净量块，待干后涂上防锈油放回原处。

为了避免成套量块的正常磨损（磨损在使用中难以避免），有时可在量块组两边选用保护量块（尺寸为 1mm 及 1.5mm 的两对专用量块），使磨损集中在保护量块上，便于维修、更换。

量块的成套尺寸系列见附表 1-2。

附表 1-2　量块的成套尺寸系列

套别	总块数	级别	尺寸系列/mm	间隔/mm	块数
1	91	00, 0, 1	0.5	—	1
			1	—	1
			1.001, 1.002, …, 1.009	0.001	9
			1.01, 1.02, …, 1.49	0.01	40
			1.5, 1.6, …, 1.9	0.1	5
			2.0, 2.5, …, 9.5	0.5	16
			10, 20, …, 100	10	10

（续）

套别	总块数	级别	尺寸系列/mm	间隔/mm	块数
2	83	00, 0, 1, 2, (3)	0.5	—	1
			1	—	1
			1.005	—	1
			1.01, 1.02, …, 1.49	0.01	49
			1.5, 1.6, …, 1.9	0.1	5
			2.0, 2.5, …, 9.5	0.5	16
			10.20, …, 100	10	10
3	46	0, 1, 2	1	—	1
			1.001, 1.002, …, 1.009	0.001	9
			1.01, 1.02, …, 1.0	0.01	9
			1.1, 1.2, …, 1.9	0.1	9
			2.3, …, 9	1	8
			10.20, …, 100	10	10
4	38	0, 1, 2, (3)	1	—	1
			1.005	—	1
			1.01, 1.02, …, 1.09	0.01	9
			1.1, 1.2, …, 1.9	0.1	9
			2.3, …, 9	1	8
			10.20, …, 100	10	10
5	10	00, 0, 1	0.991, 0.992, …, 1	0.001	10
6	10	00, 0, 1	1, 1.001, …, 1.009	0.001	10
7	10	00, 0, 1	1.991, 1.992, …, 2	0.001	10
8	10	00, 0, 1	2, 2.001, 2.002, …, 2.009	0.001	10
9	8	00, 0, 1, 2, (3)	125, 150, 175, 200, 250, 300, 400, 500		8
10	5	00, 0, 1, 2, (3)	600, 700, 800, 900, 1 000		5
11	10	0, 1	2.5, 5.1, 7.7, 10.3, 12.9, 15, 17.6, 20.2, 22.8, 25		10
12	10	0, 1	27.5, 30, 1.32, 35.3, 37.9, 9.40, 42.6, 45.2, 2.47, 8.50		10
13	10	0, 1	52.5, 55.1, 1.57, 7.60, 3.62, 9.65, 67.6, 6.70, 2.72, 8.75		10
14	10	0, 1	77.5, 80.1, 82.7, 85.3, 87.9, 90, 92.6, 95.2, 97.8, 100		10
15	12	3	41.2, 81.5, 121.8, 51.2, 121.5, 191.8, 101.2, 201.5, 291.8, 10. (20 两块)		12
16	6	3	101.2, 200, 291.5, 375, 451.8, 490		6
17	6	3	201.2, 400, 581.5, 750, 901.8, 990		6

附录 2　常用仪器的保养与维护

常用仪器保养和维护的好坏，直接影响仪器的正常使用。同时对其检测结果、使用寿命等都具有非常重要的意义。因此，本节将常用仪器的保养与维护进行汇总。

1. 防锈油的制作方法

通过长久以来的实践，实验室在仪器保养方面取得了一些经验。其中防锈油的制作如下：

将医用凡士林和白油（别名：石蜡油、白色油）按照2:1的比例进行加热，待其完全融合在一起晾凉后待用。

2. 钢直尺、卷尺、塞尺的保养与维护

1）钢直尺、卷尺及塞尺在使用完毕后，必须用干净的脱脂棉将其擦拭干净，擦拭时可用脱脂棉蘸少许汽油。在擦拭塞尺时，切记要顺着擦拭，不要逆擦。

2）长时间不用时，可在其表面涂抹少许防锈油。

3）如有悬挂孔的钢直尺，不用时，将其悬挂起来，自然下垂，以防止变形受损。

3. 卡尺、千分尺、刀口尺、直角尺的保养与维护

1）卡尺、千分尺、刀口尺、直角尺用完后用干净的脱脂棉将其擦拭干净，放入其固定的盒内，然后放到干净、无酸、无振动、无强磁力的地方。

2）严禁用砂纸、砂布等硬物擦测量用具的任何部分。

3）长期不用的卡尺、千分尺、刀口尺和直角尺，擦拭干净后涂上防锈油，用电容器纸进行包裹装入固定的盒内。

4. 万能测长仪的保养与维护

1）设备室必须有防尘、防振动、防腐蚀气体及防潮的装备和设施，使仪器远离以上各因素的影响。要保持室内温度在（20±3）℃，相对湿度应不超过60%，否则光学零件容易发霉。

2）使用完毕后，将工作台、测帽及其他附属设备用汽油擦拭干净，涂上防锈油，如长时间不用时，再用电容器纸进行包裹放好。

3）仪器在不使用时，附件要放到附件箱中，仪器箱应放置到干燥、无尘的地方。仪器主机应用仪器罩包裹起来，以防灰尘。

5. 三坐标测量机的保养与维护

开机前的准备：

1）三坐标测量机对机房的要求比较严格，应按技术资料要求严格控制温度、湿度等。

2）三坐标测量机所使用的气浮轴承，理论上说是不磨损的，但如果气浮不干净，有油、水或杂质，就会造成气浮导轨划伤。所以每天要检查机床气源，防水防油。定期清洗过滤器及油水分离器。同时应注意机床气源前级空气来源，空气压缩机或集中供气的气罐也要定期检查。

3）三坐标测量机的导轨加工精度很高，与空气轴承的间隙很小，如果导轨上面有灰尘或其他杂质，就容易造成气浮轴承和导轨划伤。所以每次开机前应清洁机器的导轨，金属导轨应用航空汽油（120号或180号汽油）擦拭，花岗岩导轨用无水酒精擦拭。

4）切记在保养过程中不能给任何导轨上任何性质的油脂。

5）定期给光杆、丝杠、齿条上少量防锈油。

6）长期不使用三坐标测量机时，在开机前要做好准备，控制室内温度和湿度，在空气湿润的环境下，还应定期打开电控柜，使电路板得到充分的干燥，避免电控系统由于受潮后，突然加电损坏。

7）开机前检查气源、电源是否正常。如有条件应配置稳压电源，定期检查接地，接地电阻小于 4Ω。

工作过程中应注意：

1）被测件在放到三坐标测量机工作台上检测之前，应先去毛刺，以避免测量精度不准及缩短测头使用寿命。

2）被测件在测量之前，应在室内恒温 3h 以上，否则会影响检测精度。

3）大型及重型被测件在放置工作台时，应轻拿轻放，避免造成碰撞，必要时可在工作台上放置一块厚橡胶以防止碰撞。

4）小型及轻型被测件在放置工作台后，应紧固后再进行测量，否则会影响测量精度。

5）工作过程中，测座在转动时（特别是带有加长杆的情况下）一定要远离零件，避免碰撞。

6）在工作过程中，测量机如果发生异常响声或突然应急，切勿自行拆卸及维修，应请专业人员。

操作结束后：

1）将 Z 轴移动到下方，注意避免测头撞到测量机工作台。

2）工作完成后立即清洁三坐标测量机的工作台。

3）检查导轨，如有水印应及时检查过滤器。

4）工作结束后将机器总气源关闭。

6. 万能工具显微镜的保养与维护

1）仪器工作室必须干燥、洁净。

2）仪器光学零件应保持清洁，不得随便触摸。

3）清洁仪器零件时，先用在乙醚溶液里浸洗过的脱脂无油软毛笔拂去光学零件上的灰尘，再用清洁的鹿皮、擦镜纸或脱脂棉蘸少许的乙醚和酒精混合剂轻轻擦拭。

4）在搬运和使用中，应特别注意避免撞击滑台导轨。

5）要定期拆开防尘板，在导轨上加适量防锈油或润滑油。

6）仪器在较长时间不用时，各易锈部位和精密的金属表面应做彻底清洗，并涂上防锈油，必要时用电容器纸进行包裹。

7. 表面粗糙度仪的保养与维护

日常维护、保养：

1）仪器应放在远离磁场的地方，工作室内应经常保持清洁、干燥，停机时，无防锈层表面应涂防锈油，并放硅胶以免锈蚀。

2）仪器工作时，应严格控制振动的干扰，采取可靠的防振措施。

3）传感器的触针和测杆，严防剧烈振动和冲击。

4）拔插销时，不得拉导线，以免造成短路或断路事故。

5）根据使用情况，用随机携带的一块标准样板定期校对仪器的示值。

6）微机系统通过强干扰（如周围有电器开关等），会使测量程序失灵，遇此情况时应关闭微机电源，然后重新起动。

运行时维护、保养：

1）仪器在开机前，应仔细阅读仪器和计算机的使用说明，熟悉仪器各部分的结构和使用方法，防止轻率开机。

2）调整传感器上下位置时，应时刻注意测针位移指示器。

3）如发现仪器示值明显超差或发生故障时，应停止使用，并请维修人员进行维修、调整。

4）用标准样板检验仪器的示值，合格后方能使用。

5）标准样板的检验周期为 1 年。

附录3　实验报告

一、孔轴及长度测量

附表 3-1　立式光学比较仪测量塞规

仪器名称：	测量示意图：	
仪器分度值：		
标尺示值范围：		
仪器测量范围：		
量块精度等级：		
塞规标记：		

塞规及被测工件的公差带分布图：	塞规查表尺寸/mm	
	基本尺寸	
	上极限尺寸	
	下极限尺寸	
	磨损极限尺寸	

量块组实际尺寸

	仪器指示偏差/μm				塞规实际尺寸			
截面								
方向	I—I							
	II—II							
	III—III							
	IV—IV							

合格性结论及理由：

思考题：

实验日期：	指导教师：

附表 3-2　测量误差及等精度测量

仪器名称：　　　　　　　　　　　　　工件标记：

仪器分度值：

标尺示值范围：

				测 量 结 果		
序号	测量值 l_i	平均值 $\bar{L} = \dfrac{1}{n}\sum\limits_{i=1}^{n} l_i$	残余误差 $\nu_i = l_i - \bar{L}$	单次测量的标准偏差 $\sigma = \sqrt{\dfrac{1}{n-1}\sum\limits_{i=1}^{n} \nu_i{}^2}$	算术平均值的标准偏差 $\sigma_{\bar{L}} = \dfrac{\sigma}{\sqrt{n}}$	测量结果的表示 $L = \bar{L} \pm 3\sigma_{\bar{L}}$
1						
2						
3						
4						
5						
6						
7						
8						
9						
10						

根据被测件标记查表尺寸

基本尺寸	
上极限尺寸	
下极限尺寸	

合格性结论及理由：

思考题：

实验日期：　　　　　　　　　　　　　指导教师：

附表3-3　内径指示表测量孔径

仪器名称：
指示表分度值：
仪器的测量范围：

测　量　结　果

测量示意图：	指示表的读数/mm			
	截面	1—1	2—2	3—3
	方向　Ⅰ—Ⅰ			
	Ⅱ—Ⅱ			
	量块组尺寸			

规定孔径的尺寸/mm		孔径的实际尺寸/mm			
上极限尺寸	下极限尺寸	截面	1—1	2—2	3—3
		方向　Ⅰ—Ⅰ			
		Ⅱ—Ⅱ			

合格性结论及理由：

思考题：

实验日期：　　　　　　　　　　　　　　指导教师：

附表 3-4 卧式测长仪测量内孔

1. 用双测钩测量内孔径

测量示意图：	读数		$D_标$	$D_测$
	a_1			
	a_2			
	被测尺寸大小			

2. 用电眼法测量孔径

测量示意图：	读数		$D_标$	$D_测$
	a_1			
	a_2			
	被测件尺寸大小			

思考题：

实验日期：   指导教师：

附表 3-5　阿贝比长仪鉴定线纹尺

仪器名称及规格：

被测线纹尺精度等级：

测量数据：

数据处理：

合格性结论及理由：

思考题：

实验日期：　　　　　　　　　　　　　指导教师：

附表 3-6 接触式干涉仪鉴定量块

仪器名称及规格:

被测工件:

确定分度值:

$i =$ $K =$

$n = \dfrac{K\lambda}{2i} =$

测量示意图:	测量数据										
	测点	0′	a	b	c	d	d	c	b	a	0′
	读数										
	平均值										
	误差值	$\Delta l_{长} =$			$\Delta l_{平} =$						

思考题:

实验日期: 指导教师:

二、角度锥度测量

附表 3-7　游标万能角度规检测角度

仪器名称及规格：

被测件名称：

仪器测量范围：

仪器分度值：

测量示意图：

测 量 结 果

被测角代号	被测角及其公差	测得值（′）	合格性判定
α_1			
α_2			
α_3			
α_4			
α_5			
α_6			

思考题：

实验日期：　　　　　　　　　　　　指导教师：

附表 3-8 正弦规测量外锥体

正弦规两圆柱中心距 L = ＿＿＿＿＿＿ mm

被测锥体塞规的锥度 K = ＿＿＿＿＿＿圆锥角 2α = ＿＿＿＿＿＿

块规组尺寸 $h = L_{\min}2\alpha$ = ＿＿＿＿＿＿ mm

指示表的分度值＿＿＿＿＿＿＿＿＿＿ mm

锥度极限偏差＿＿＿＿＿＿＿＿＿＿

测量示意图:		指示表读数/μm	
	位置 次序	a 点	b 点
	1		
	2		
	3		
	平均值		

a、b 两点读数的平均值之差 η （mm）

a、b 两点间的距离 L （mm）

锥度误差 $\Delta K = \dfrac{n}{L}$

圆锥角误差 $\Delta 2\alpha = \dfrac{n}{L} \times 2 \times 10$ （′）

合格性结论及理由:

思考题:

实验日期: 指导教师:

附表 3-9　光学分度头的使用

仪器名称及规格：
被测件名称：
仪器测量范围：
仪器分度值：

1. 光学分度头的角度测量：测量二级准确度的角度量块

测量数据：		测量结果： $\beta = \mid 180° - \mid \alpha_1 - \alpha_2 \mid \mid$ $\quad =$
$\alpha_1 =$	$\alpha_3 =$	
$\alpha_2 =$	$\alpha_4 =$	

2. 光学分度头的分度测量：测量齿轮的齿距误差

测量数据		测量结果： $\Delta\varphi_\Sigma = \mid \Delta\varphi_{+\max} \mid + \mid \Delta\varphi_{-\max} \mid$ $\quad =$
$\varphi_1' =$	$\Delta\varphi_k = \varphi_k' - \varphi_k$	
$\varphi_2' =$	$\Delta\varphi_1' =$	
$\varphi_3' =$	$\Delta\varphi_2' =$	
$\varphi_4' =$	$\Delta\varphi_3' =$	
	$\Delta\varphi_4' =$	

思考题：

实验日期：　　　　　　　　　　　　　　指导教师：

附表 3-10　测角仪测量棱镜角度及折射率

仪器名称及规格：

被测件名称：

仪器测量范围：

仪器分度值：

1. 测量棱镜的角度值

测量数据：	测量结果：
$\theta_1 =$ $\theta_2 =$	$\alpha = 180° - (\theta_1 - \theta_2)$ $\quad =$

2. 测量棱镜的折射率

$n = \sin[0.5(\delta_{min} + \alpha)]/\sin(0.5\alpha)$

$\quad =$

思考题：

三、形状和位置误差测量

附表 3-11　平直度测量仪测量导轨直线度

仪器名称：　　　　　　　　　　　　　　　　　　　　被测导轨长度：

仪器测量范围：　　　　　　　　　　　　　　　　　　桥板跨距：

仪器分度值：　　　　　　　　　　　　　　　　　　　导轨直线度公差：

数据处理（垂直方向）

测点 i	测点位置	各测段读数 α_i（′）	各测段相对角度差 $\beta_i = \alpha_i - \alpha_1$（′）	各相邻测点高度差 Δh_i（μm）	累积高度差 $\Delta i = \sum_1^n \Delta h_i$ /μm	各测点修正值 $\Delta' i = \dfrac{i}{7} \Delta 7$ /μm	各测点偏差值 $h_i = \Delta i - \Delta' i$ /μm
0							
1	0－1						
2	1－2						
3	2－3						
4	3－4						
5	4－5						
6	5－6						
7	6－7						

两端点法评定的直线度误差 $f_1 = h_{max} - h_{min} =$

用图解法按最小区域法评定的直线度误差 $f =$

直线度曲线：

合格性结论及理由：

思考题：

实验日期：　　　　　　　　　　　　　　　　　　　指导教师：

附表3-12　圆度与圆柱度测量（一）

仪器名称：　　　　　　　　　　工件名称：　　　　　　　　　工件公称尺寸：

仪器测量范围：　　　　　　　　工件上极限偏差：　　　　　　工件下极限偏差：

仪器分度值：　　　　　　　　　实际尺寸合格范围：　　　　　形状公差：

调整零所选用量块

第一块	第二块	第三决	组合尺寸

测 量 结 果

测量位置简图									
垂直轴线截面	a	I		b	I		c	I	
		II			II			II	

最大实际尺寸：

最小实际尺寸：

圆度误差：

合格性结论及理由：

思考题：

实验日期：　　　　　　　　　　　指导教师：

附表 3-13　圆度与圆柱度测量（二）

仪器名称及规格：

被测件标记：

仪器测量范围：

仪器分度值：

测量示意图：

用标准样板检测圆度误差：

合格性结论及理由：

思考题：

实验日期：　　　　　　　　　　　　　指导教师：

附表 3-14   平板的平面度测量

仪器名称及规格：

水平仪分度值：

被测工件：

平板规格：

平面度误差：

跨距 l：

测 量 结 果

测量示意图：

测量记录：

平面度误差：	公差值：	结论：

思考题：

实验日期：   指导教师：

附表 3-15　平行度测量

仪器名称：
指示表分度值：
平行度公差：
顶尖孔长度 L_1：
测量长度 L_2：
指示表测量范围：
芯棒直径：

测 量 数 据

1. 顶尖座平行度误差测量

	轴心线对底面的平行度	轴心线对侧面的平行度
$M_1 =$ $M_2 =$		
折算后得出的平行度误差 $f = \dfrac{L_1}{L_2} \| M_1 - M_2 \|$	

合格性结论及理由：

2. 零件两平面的平行度误差测量

$M_1 =$

$M_2 =$

计算结果
$f = \| M_1 - M_2 \|$

合格性结论及理由：

思考题：

实验日期：　　　　　　　　　　　　　　指导教师：

附表 3-16 位置度测量

仪器名称：

被测件位置度公差：

仪器测量范围：

仪器分度值：

数 据 处 理

公式	孔1	孔2	孔3	孔4	孔5	孔6
(x_1, x_2)						
(y_1, y_2)						
$\dfrac{x_1 + x_2}{2}$						
$\dfrac{y_1 + y_2}{2}$						
$\left(\dfrac{x_1 + x_2}{2}\right) - x_C$						
$\left(\dfrac{y_1 + y_2}{2}\right) - y_B$						
$f_x = \left[\left(\dfrac{x_1 + x_2}{2}\right) - x_C\right] - (理论尺寸)$						
$f_y = \left[\left(\dfrac{y_1 + y_2}{2}\right) - y_B\right] - (理论尺寸)$						
$f = 2\sqrt{f_x{}^2 + f_y{}^2}$						

合格性结论及理由：

思考题：

附表 3-17　圆度误差分析

仪器名称：

仪器测量范围：

仪器分度值：

i	θ_i	$\Delta r_i(\mu m)$	$\Delta r_i \sin\theta_i$	$\Delta r_i \cos\theta_i$	$a_i \cos\theta_i$	$b_i \sin\theta_i$	$\Delta R_i(\mu m)$
1	0	0					
2	30						
3	60						
4	90						
5	120						
6	150						
7	180						
8	210						
9	240						
10	270						
11	300						
12	330						
a							
b							
r							
f							

思考题：

四、表面粗糙度测量

附表 3-18　用表面粗糙度标准样板评定工件表面粗糙度

工件几何形状	加工方法	给定允许范围	目测所得结果	判断合格性

实验日期：　　　　　　　　　　　　　　　　指导教师：

附表 3-19　双管显微镜测量表面粗糙度

仪器型号：　　　　　　　　　　　　　　　　　　　　　　　视场直径：
仪器测量范围：　　　　　　　　　　　　　　　　　　　　　取样长度：
选用的物镜倍数：　　　　　　　　　　　　　　　　　　　　评定长度：
目镜千分尺的分度值 E：　　　　　　　　　　　　　　　　Rz 允许值：

测 量 结 果

最大轮廓峰高读数：　　　　　　　　　　　　最大轮廓谷深读数：

a_1			a'_1		
a_2			a'_2		
a_3			a'_3		
a_4			a'_4		
a_5			a'_5		
$\sum a_i$			$\sum a'_i$		合格性结论及理由：

$$Rz = \left| \frac{\sum_{i=1}^{5} a_i - \sum_{i=1}^{5} a'_i}{5} \right| \cdot E$$

实验日期：　　　　　　　　　　　　　　　　指导教师：

附表 3-20　干涉显微镜测量表面粗糙度

仪器型号：　　　　　　　　　　　　　　　　　　　取样长度：
测量范围：　　　　　　　　　　　　　　　　　　　评定长度：
视场直径：　　　　　　　　　　　　　　　　　　　Rz 允许值：
滤光片波长：

测 量 结 果

最大峰高读数		最大谷深读数		干涉条纹间距 b =
a_1		a'_1		
a_2		a'_2		
a_3		a'_3		
a_4		a'_4		
a_5		a'_5		
$\sum a_i$		$\sum a'_i$		判断合格性：

思考题：

实验日期：　　　　　　　　　　　　　指导教师：

附表 3-21 表面粗糙度检查仪检测表面粗糙度

零件	名称	$Ra/\mu m$	取样长度	评定长度
仪器	名称与型号	测量方式	放大倍数	切除长度

测量结果：

测量序号	实测结果 $Ra/\mu m$	平均值	合格性判定
1			
2			
3			
4			
5			

记录图形及数据处理：

思考题：

实验日期：　　　　　　　　　　　　　指导教师：

五、螺纹测量

附表 3-22　螺纹综合测量——螺纹量规的使用

样品标记：

样品螺纹标记：

量具名称：

所选量具标记：

检 测 结 果

螺纹编号	所测结果	合格性

思考题：

实验日期：　　　　　　　　　　　　　　指导教师：

附表 3-23　螺纹单项测量——在大型工具显微镜上测量螺纹

仪器名称：

工作台千分尺分度值：

角度目镜分度值：

被测螺纹标记：

公称螺距 p：

公称牙型半角 $\dfrac{\alpha}{2}$：

测量示意图

螺纹中径的测量

$d_{1左}$			$d_{2右}$		
第一次读数	第二次读数	测得值	第一次读数	第二次读数	测得值

测得的螺纹实际中径 $d_{2实}(\text{mm}) = \dfrac{d_{2左} + d_{2右}}{2} =$

螺纹牙型半角误差的测量

被测位置	角度读数值	测得角度值	半角平均值	半角误差值
$\dfrac{\alpha}{2}(\text{I})$			$\dfrac{\alpha}{2}左 = \dfrac{\dfrac{\alpha}{2}(\text{I}) + \dfrac{\alpha}{2}(\text{IV})}{2}$	$\Delta\dfrac{\alpha}{2}左 = \dfrac{\alpha}{2}左 - \dfrac{\alpha}{2}公称$
$\dfrac{\alpha}{2}(\text{IV})$			$=$	$=$
$\dfrac{\alpha}{2}(\text{II})$			$\dfrac{\alpha}{2}右 = \dfrac{\dfrac{\alpha}{2}(\text{II}) + \dfrac{\alpha}{2}(\text{III})}{2}$	$\Delta\dfrac{\alpha}{2}右 = \dfrac{\alpha}{2}右 - \dfrac{\alpha}{2}公称$
$\dfrac{\alpha}{2}(\text{III})$			$=$	$=$

$f_{\alpha/2}(\mu\text{m}) = 0.073p\left(k_1\left|\Delta\dfrac{\alpha}{2}左\right| + k_2\left|\Delta\dfrac{\alpha}{2}右\right|\right) =$

当 $\Delta\dfrac{\alpha}{2} > 0$ 时取 $k = 2$，$\Delta\dfrac{\alpha}{2} < 0$ 时取 $k = 3$

（续）

螺距误差测量

n	$P_{n左}$		$P_{n右}$		n 个螺距测得值 $P_n = \dfrac{P_{n左} + P_{n右}}{2}$	n 个螺距误差值 $\Delta P' = P_n - P'_{n公称}$
	初读数		初读数			
	终读数	测得值	终读数	测得值		
0		0		0	0	0
1						
2						
3						
4						
5						

测得螺纹螺距累积误差：

$\Delta P = \Delta P_{max} - \Delta P_{min} =$

$f_P = 1.732 \left| \Delta P \right| =$

作用中径的计算	实际中径、作用中径、中径公差带之间联系图：
$d_{2作用} = d_{2实} + (f_P + f_{\alpha/2})$ $=$ $=$	
查表得中径极限尺寸	
d_{2max}	
d_{2min}	

合格性结论及理由：

思考题：

实验日期：　　　　　　　　　　　　　　指导教师：

附表3-24　用三针法测量螺纹中径

仪器名称： 仪器分度值： 螺纹塞规标记： 所选三针直径：	测量原理图： 计算公式：
螺纹塞规中径公差带图：	螺纹塞规通端中径极限尺寸（查表）
	最大极限尺寸
	最小极限尺寸
	完全磨损极限

M 值测量结果/mm

截面		1—1	2—2
方向	I — I		
	II — II		
测得实际中径/mm		$d_{2实\,max} =$ $d_{2实\,min} =$	

合格性结论及理由：

思考题：

六、齿轮测量

附表 3-25　齿距偏差与齿距累积偏差的测量

量具名称：　　　　　　　　　　　　　　　　　分度值：
仪器测量范围：　　　　　　　　　　　　　　　被测齿轮编号：
模数 m：　　　　　　　　　　　　　　　　　齿数 z：
压力角 α：　　　　　　　　　　　　　　　精度：
齿距累积公差 F_p：　　　　　　　　　　　　齿距极限偏差 $\pm f_{pt}$：

齿　序	齿距相对偏差（读数）	相对齿距累积偏差	齿序与平均值的乘积	绝对齿距累积偏差
n	$f_{pt相对}$	$\sum_1^n f_{pt相对}$	nK	$\sum_1^n f_{pt相对} - nK$
1				
2				
3				
4				
5				
6				
7				
8				
9				
10				
11				
12				
13				
14				
15				
16				
17				
18				
19				

（续）

齿　序	齿距相对偏差（读数）	相对齿距累积偏差	齿序与平均值的乘积	绝对齿距累积偏差
n	$f_{pt相对}$	$\sum_1^n f_{pt相对}$	nK	$\sum_1^n f_{pt相对} - nK$
20				
21				
22				
23				
24				
25				
26				
27				
28				
29				
30				

$$K = \sum_1^n f_{pt相对}/z =$$

$$F_p =$$

测量结果：

齿距累积偏差：　　　　　　　　　　是否合格：

齿距偏差：　　　　　　　　　　　　是否合格：

思考题：

实验日期：　　　　　　　　　　　　指导教师：

附表 3-26　齿轮齿厚偏差测量

仪器名称：　　　　　　　　　　　　　　　　　被测齿轮模数和齿数：

仪器测量范围：　　　　　　　　　　　　　　　被测齿轮精度等级：

仪器分度值：　　　　　　　　　　　　　　　　被测齿轮齿厚合格性条件：

数 据 处 理

查 表 值

弦齿高公称值 $\bar{h}$	弦齿厚公称值 $\bar{s}$	齿厚上极限偏差 E_{ss}	齿厚下极限偏差 E_{si}

测量和计算

齿顶圆实际直径 d'_a/mm	实际弦齿高 $\overline{h'} = \bar{h} + \dfrac{1}{2}\Delta d_a$	齿轮圆周 3 个等分处的 弦齿厚 $\overline{s'}/\text{mm}$		齿厚偏差 $\Delta E_s = \overline{s'} - \bar{s}$ $/\mu\text{m}$
		1		
		2		
		3		

合格性结论及理由：

作图法处理测量数据：

思考题：

实验日期：　　　　　　　　　　　　　　　　　指导教师：

附表 3-27 齿轮齿圈径向跳动的测量

仪器名称：

指示表分度值：

被测齿轮 $m =$ _____ $z =$ _____ $\alpha =$ _____

被测齿轮精度：

测量结果 /mm

齿序	偏差	齿序	偏差	齿序	偏差	齿序	偏差
1		9		17		25	
2		10		18		26	
3		11		19		27	
4		12		20		28	
5		13		21		29	
6		14		22		30	
7		15		23		31	
8		16		24		32	

测得实际齿圈径向跳动量 $\Delta F_r = \Delta F_{r\max} - \Delta F_{r\min} =$

齿圈径向跳动公差 $F_r =$

合格性结论及理由：

思考题：

实验日期： 指导教师：

附表 3-28　齿轮公法线长度变动量及公法线平均长度偏差的测量

仪器名称：
仪器分度值：
仪器测量范围：
被测齿轮 $m =$ ＿＿＿＿＿＿　　$z =$ ＿＿＿＿＿＿　　$\alpha =$ ＿＿＿＿＿＿
被测齿轮精度：
跨齿数：
公法线公称长度 W：

测量结果/mm

齿序	公法线长度	齿序	公法线长度	齿序	公法线长度
1		9		17	
2		10		18	
3		11		19	
4		12		20	
5		13		21	
6		14		22	
7		15		23	
8		16		24	

实际测得值	允许值	合格性结论及理由：
$\Delta F_W =$	F_W	
$W =$	E_{Wi}	
ΔE_W	$E_{W\alpha}$	

思考题：

实验日期：　　　　　　　　　　　指导教师：

附表 3-29   用基节仪测量齿轮基圆齿距偏差

仪器名称：   被测齿轮 $m =$
仪器分度值： $z =$
仪器测量范围： $\alpha =$
块规组尺寸：   被测齿轮精度：

测量草图：

测量结果：

基节偏差 $\Delta f_{pb}/\mu m$

第 齿		第 齿		第 齿	
右	左	右	左	右	左

测得 $\Delta f_{pb} =$ 基节极限偏差 $f_{pb} =$

思考题：

实验日期：   指导教师：

附表 3-30　用齿轮跳动检查仪器测量螺旋线偏差

仪器名称：　　　　　　　　　　　　　　　　　　被测齿轮 m =

仪器分度值：　　　　　　　　　　　　　　　　　　　　　z =

仪器测量范围：　　　　　　　　　　　　　　　　　　　　α =

被测齿轮精度：

测量结果：

螺旋线偏差 F_{β}

第　齿		第　齿		第　齿	
右	左	右	左	右	左

测得 ΔF_{β} =　　　　　　　　　　　螺旋线偏差 F_{β} =

思考题：

实验日期：　　　　　　　　　　　　　指导教师：

附表 3-31 齿轮综合偏差测量

量具名称及规格：　　　　　　　　仪器分度值：
仪器测量范围：　　　　　　　　　被测齿轮编号：
被测齿轮精度：　　　　　　　　　齿数 z：
模数 m：　　　　　　　　　　　压力角 α：
精度等级：　　　　　　　　　　　齿距径向综合偏差 F_i''：
齿轮径向一齿综合偏差 f_i''：

实测齿轮径向综合偏差 $\Delta F_i''=$

实测齿轮径向一齿综合偏差 $\Delta f_i''=$

实测切向综合偏差 $\Delta F_i'=$

实测切向一齿综合偏差 $\Delta f_i'=$

测量曲线图：

思考题：

实验日期：　　　　　　　　　　　指导教师：

七、综合实验

附表 3-32　万能工具显微镜综合测量

仪器名称:

测量数据:

孔 1		孔 2	
$x_1 =$	$y_1 =$	$x_1 =$	$y_1 =$
$x_2 =$	$y_2 =$	$x_2 =$	$y_2 =$
$x_3 =$	$y_3 =$	$x_3 =$	$y_3 =$
求该圆的中心坐标 $a =$　　 $b =$　 半径 $r =$		求该圆的中心坐标 $a =$　　 $b =$　 半径 $r =$	

中心距 L:

思考题:

实验日期:　　　　　　　　　　　　指导教师:

附表 3-33 三坐标测量机的应用

仪器名称:

测量数据:

$x_0 =$ $y_0 =$ $d_x =$ $d_y =$

转角 φ	x 读数	y 读数	矢量半径 ρ

凸轮轮廓曲线:

思考题:

实验日期: 指导教师:

附表 3-34　复杂零件测量

所用设备：

仪器分度值：

仪器测量范围：

示值误差：

检测方案及检测步骤：

体会（要求另附纸书写）：

实验日期：　　　　　　　　　　　　　　　　　指导教师：

参 考 文 献

［1］郭连湘．公差配合与技术测量实验指导书［M］．北京：化学工业出版社，2004．
［2］梁国明，张保勤．常用量具使用保养270问［M］．北京：国防工业出版社，2004．
［3］计量测试技术手册编辑委员会．计量测试技术手册［M］．北京：中国计量出版社，2006．
［4］朱士忠．精密测量技术常识［M］．北京：电子工业出版社，2005．